高校で物理を履修しなかった人のための

力学

内田就也［著］

4

フロー式
物理演習
シリーズ

須藤彰三
岡　真
［監修］

共立出版

刊行の言葉

物理学は，大学の理系学生にとって非常に重要な科目ですが，“難しい” という声をよく聞きます．一生懸命，教科書を読んでいるのに分からないと言うのです．そんな時，私たちは，スポーツや楽器（ピアノやバイオリン）の演奏と同じように，教科書でひと通り “基礎” を勉強した後は，ひたすら（コツコツ）“練習（トレーニング）” が必要だと答えるようにしています．つまり，1つ物理法則を学んだら，必ずそれに関連した練習問題を解くという学習方法が，最も物理を理解する近道であると考えています．

現在，多くの教科書が書店に並んでいますが，皆さんの学習に適した演習書（問題集）は，ほとんど見当たりません．そこで，毎日1題，1ヵ月間解くことによって，各教科の基礎を理解したと感じることのできる問題集の出版を計画しました．この本は，重要な例題30問とそれに関連した発展問題からなっています．

物理学を理解するうえで，もう1つ問題があります．物理学の言葉は数学で，多くの “等号（=）” で式が導出されていきます．そして，その等号1つひとつが単なる式変形ではなく，物理的考察が含まれているのです．それも，物理学を難しくしている要因であると考えています．そこで，この演習問題の中の例題では，フロー式，つまり流れるようにすべての導出の過程を丁寧に記述し，等号の意味がわかるようにしました．さらに，頭の中に物理的イメージを描けるように図を1枚挿入することにしました．自分で図に描けない所が，わからない所，理解していない所である場合が多いのです．

私たちは，良い演習問題を毎日コツコツ解くこと，それが物理学の学習のスタンダードだと考えています．皆さんも，このことを実行することによって，驚くほど物理の理解が深まることを実感することでしょう．

須藤 彰三

岡 真

まえがき

惑星の運行を解明するためにニュートンが創始した万有引力の理論以来，物体の運動を取り扱う力学は，物理学の根幹をなしてきた．力学はまた，機械や生物の動作といった，工学や生命科学で扱われる現象の理解のためにも修得が求められる学問である．したがって，大学で履修する物理学の中で力学は特に重要な位置を占めており，さらに進んで流体力学，熱力学，統計力学，量子力学といった諸分野を学ぶための出発点ともなっている．

本書は大学の理工系学部の１年生を主な対象とした力学の演習書である．読者として特に，高校で物理を履修していない学生を想定して，基本的な概念を一から習得できるよう，題材の配列や解説に工夫を加えている．ニュートンの理論が微分，積分と同時に導入されたことからもわかるように，力学の十分な理解には高校卒業程度の数学の知識（微積分，ベクトル）が必須となる．大学初年次の力学ではこれらの数学的道具が多用されると同時に，エネルギーや運動量などの抽象的概念が一度に導入されるため，初学者にとってハードルが高くなっていることは否定できない．

本書ではこのようなハードルをできうる限り下げるため，前半では対象を１次元（直線上）の運動に限定し，運動方程式と仕事，エネルギーまでを含む最小構成で，力学の基本的な考え方を把握できるようにした．後半では，これをベクトルを用いて３次元の運動に拡張した後，平面や曲線上に制約された運動，万有引力による惑星の運動の問題に歩を進める．惑星の運動（ケプラー問題）は大学初年次で学ぶ力学の一つの到達点であり，ここまでの問題が解けるようになれば物理の面白さが実感できるだろう．本書の終盤ではさらに運動量や角運動量の概念を導入して，複数の物体の運動や大きさをもった物体の運動に関する典型的な問題を扱う．ただし，高校の数学で行列が教えられなくなり，ベクトルについても単元の縮小が検討されている昨今の状況を踏まえ，角運動量については取り扱いを簡素化して，固定軸のまわりの回転のみを考えるようにした．このような多段的な構成によって，高校物理を履修していない学生はもちろん，既習者にとっても，本書が大学の力学へのスムーズな導入の一助となることを期待する．本書の問題を解き終えてさらに本格的に演習を積みたいという読者は，本シリーズの『質点系の力学—ニュートンの法則から剛体の回転まで」（岡 真 著，共立出版）に進むとよいだろう．なお本書は演習書としての性格上，基礎事項の解説には十分な紙幅を割くことができなかった．高校で物理を履修していない学生のために書かれた教科書としては，『力学入門』（石川 洋 著，東北大学出版会）が参考になる．

本書はその題材の多くを，東北大学理学部物理系で筆者が携わった力学演習の授業に負っている．この授業において共同で問題を作成し，改良のための議論に多くの時間を費やしていただいた同僚諸氏に深く感謝する．石川洋先生には同演習のみならず，物理数学や，物理未履修の学生のための力学のカリキュラムを通して多くのことをご教示いただいた．東北大学名誉教授の須藤彰三先生には，本書の執筆をお勧めいただくとともに，本書の構成に関して有用なご意見を頂戴した．末筆ながらここに記して感謝申し上げる．

2020 年 12 月　　内田就也

目 次

重要度
★★★★★

1　位置，速度，加速度

《内容のまとめ》

直線上を運動する物体を考えよう．直線に沿って x 軸をとることによって，物体の位置をその座標 x で表すことができる．位置は時間とともに変化するから，x は時刻 t の関数である：$x = x(t)$．物体の速度とは，位置の変化を，その変化にかかった時間で割ったものである．時刻 t から $t + \Delta t$ までの間の物体の平均速度は

$$\overline{v} = \frac{x(t + \Delta t) - x(t)}{\Delta t} \tag{1.1}$$

で定義される．関数 $x(t)$ のグラフにおいて，これは点 $(t, x(t))$ と $(t + \Delta t, x(t + \Delta t))$ を結ぶ直線の傾きを表すことに注意しよう．時間 Δt を短くしていき 0 にする極限をとることで，時刻 t での瞬間的な速度 $v = v(t)$ が定まる：

$$v(t) = \lim_{\Delta t \to 0} \frac{x(t + \Delta t) - x(t)}{\Delta t} = \frac{dx}{dt} \tag{1.2}$$

つまり瞬間的な速度とは，座標を時間で微分したものに他ならない．これはまた，関数 $x(t)$ のグラフにおいて，時刻 t におけるグラフの傾きを表している．以降ではこの瞬間的な速度を単に速度とよぶ．x 軸に沿った物体の運動の向きによって速度は正にも負にもなりうることに注意しよう．速度の大きさ（絶対値）を速さとよんで速度と区別する．

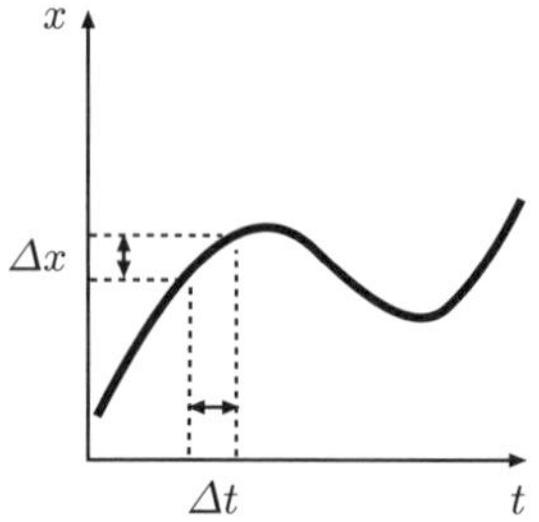

物体に大きさがあると，その各部分の位置が異なるため，運動の記述は複雑になる．そこで以下では，物体を，質量をもつが大きさはもたない点（**質点**）として表すことにする．このような表し方は，考えている運動のスケール（距離）が物体より十分大きい場合には正しいと考えられる．なお，大きさをもった物体の運動は本書の後半で扱う．

速度 $v(t)$ がわかっているとき，時刻 t_1 から t_2 までの位置の変化は，その間の速度を積分することによって求められる：

$$x(t_2) - x(t_1) = \int_{t_1}^{t_2} v(t)dt \tag{1.3}$$

これは速度のグラフにおいて，曲線 $v = v(t)$，直線 $t = t_1, t_2$ および $v = 0$ に囲まれた部分の面積であることに注意しよう．

速度の時間変化率は**加速度**とよばれ，次の式で定義される：

$$a(t) = \lim_{\Delta t \to 0} \frac{v(t + \Delta t) - v(t)}{\Delta t} = \frac{dv}{dt} \tag{1.4}$$

$v = \frac{dx}{dt}$ なので，$a = \frac{d^2x}{dt^2}$ とも表せることに注意する．また，簡略な記法として，$\dot{x} = \frac{dx}{dt}$, $\ddot{x} = \frac{d^2x}{dt^2}$ のように変数の上にドット $(\cdot)$ を付けて表すこともある．この記法では,

$$v = \dot{x}, \quad a = \dot{v} = \ddot{x} \tag{1.5}$$

となる．長さ，時間，速度の標準的な単位はそれぞれ m（メートル），s（秒），m/s（メートル毎秒）である．すなわち速度は長さを時間で割ったものと同じ単位をもつ．このことを，速度は (長さ)/(時間) の**次元**をもつという．すべての物理量の単位は，以下の基本単位を組み合わせて表すことができる：

- 長さの単位 m（メートル）
- 質量の単位 kg（キログラム）
- 時間の単位 s（秒）
- 電流の単位 A（アンペア）
- 温度の単位 K（ケルビン）
- 物質量 mol（モル）

上記の基本単位をもとにした単位系を SI（国際単位系）とよぶ．例えば力の次元は（質量）·(長さ)/(時間)^2，単位は N（ニュートン）$=$ kg · m/s^2，電荷の次元は（電流）·(時間)，単位は C（クーロン）$=$ A · s である．ある長さと別の長さの比などのように，単位をもたない量を**無次元量**という．

例題 1　位置と速度のグラフ

直線上を運動する物体の位置 $x(t)$ と速度 $v(t)$ の関係について以下の問いに答えよ．

(1) $x(t)$ が左下のグラフで与えられる場合に $v(t)$ を求め，グラフに描け．

(2) $v(t)$ が右下のグラフで与えられる場合に $x(t)$ を求め，グラフに描け．

ただし $t = 0$ での座標は $x = 0$ だったとする．

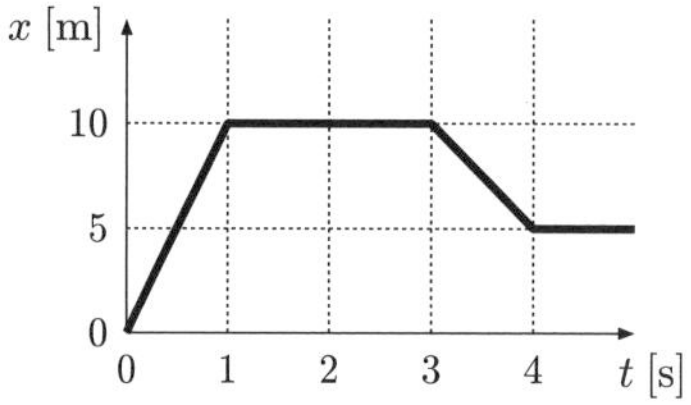

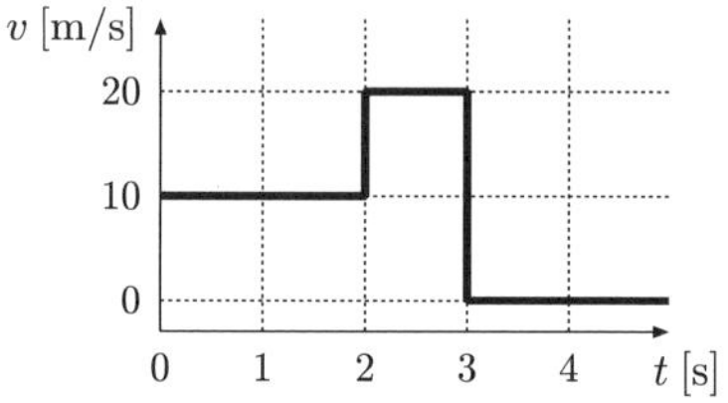

考え方

位置 $x(t)$ のグラフが直線の場合，その傾きが速度である．(1) では各区間での x 座標の変化を Δx，時間を Δt として $v = \Delta x/\Delta t$．(2) では各区間で速度が一定なので，位置のグラフは各区間での速度を傾きとする折れ線グラフとなる．各区間での位置の変化は $\Delta x = v\Delta t$．

‖解答‖

(1) 区間 $0 < t < 1$ s では $\Delta x = 10 - 0 = 10$ m, $\Delta t = 1$ s で $v = 10/1 = 10$ m/s．$1 < t < 3$ s では $\Delta x = 0$ m だから $v = 0$ m/s. $3 < t < 4$ s では $\Delta x = 5 - 10 = -5$ m，$\Delta t = 4 - 3 = 1$ s で $v = -5/1 = -5$ m/s. $t > 4$ では $v = 0$ m/s.

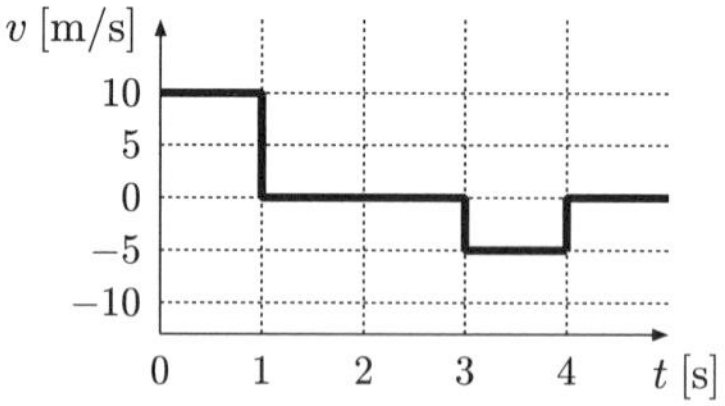

ワンポイント解説

・x 軸の負の向きに物体が進む場合は速度は負となる．

(2) $0 < t < 2$ s では $x(t)$ のグラフは傾き 10 m/s の線分となり，始点の位置は $x(0) = 0$，終点は $x(2) = x(0) + 10 \cdot 2 = 20$ m．$2 < t < 3$ s ではグラフは傾き 20 m/s の線分で，$x(3) = x(2) + 20 \cdot (3 - 2) = 40$ m．$t > 3$ s では速度 0 なので $x(t) = 40$ m で一定．

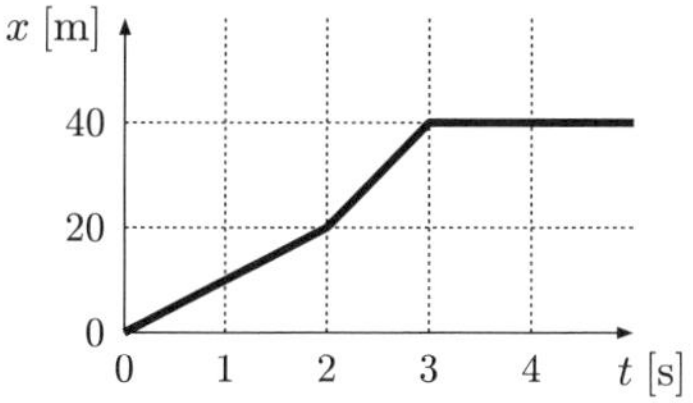

・$x(t) - x(0)$ は曲線 $v(t)$ のグラフと直線 $v = 0$ にはさまれた領域の面積としても求められる．

例題 1 の発展問題

1-1. x 軸に沿って運動する物体の速度 $v(t)$ が以下のグラフで与えられるとき，加速度 $a(t)$，位置 $x(t)$ を求めよ．なお時刻 $t = 0$ に物体は座標原点にあったとする．

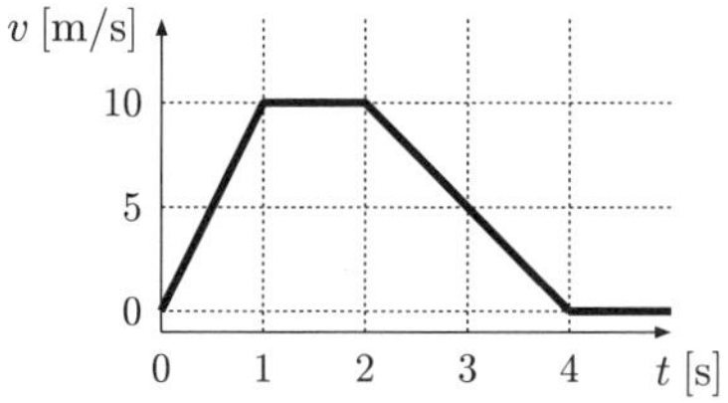

例題 2　位置，速度，加速度

物体の位置 $x(t)$ が次の各式で与えられる場合に速度 $v(t)$，加速度 $a(t)$ を求めよ．また，$x(t)$, $v(t)$, $a(t)$ のグラフを $t \geq 0$ の範囲で描け．

(1)　$x(t) = v_0 t + \frac{1}{2} a_0 t^2$　（v_0, a_0 は正の定数）

(2)　$x(t) = A \sin \omega t$　（A, ω は正の定数）

考え方

$v = dx/dt$, $a = dv/dt = dx^2/dt^2$ である．

‖解答‖

(1) 速度は $v(t) = \dot{x}(t) = v_0 + a_0 t$，加速度は $a(t) = \dot{v}(t) = a_0$.

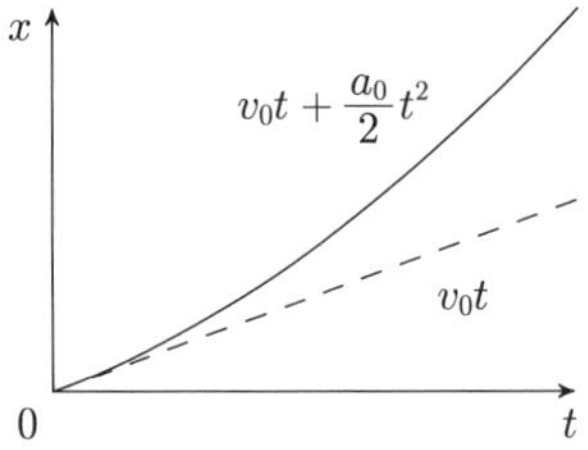

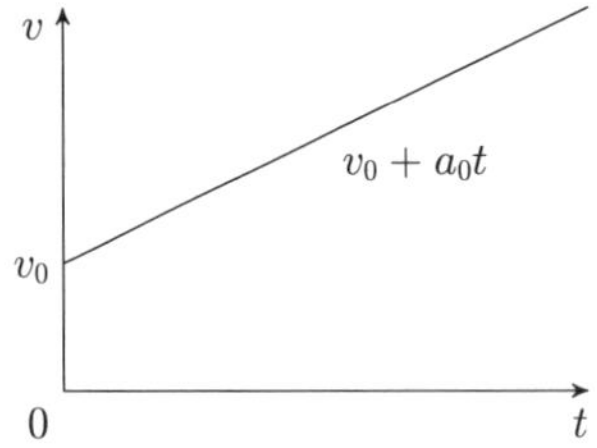

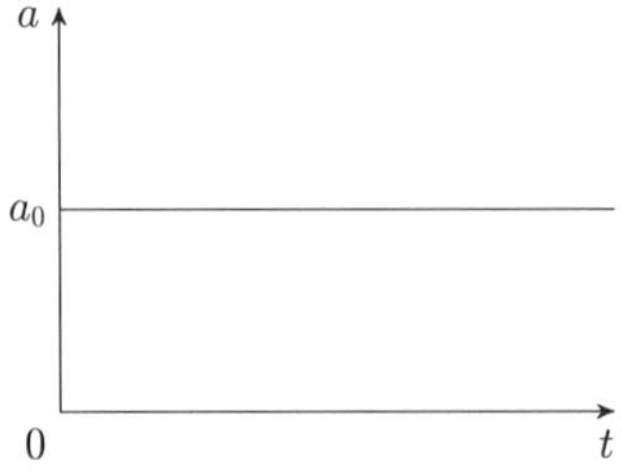

ワンポイント解説

・比較のため，等速直線運動 $x = v_0 t$ のグラフも示した．

・加速度が一定の運動を等加速度運動とよぶ．

(2) 速度は $v(t) = \dot{x}(t) = A\omega\cos\omega t$，加速度は $a(t) = \dot{v}(t) = -A\omega^2\sin\omega t$.

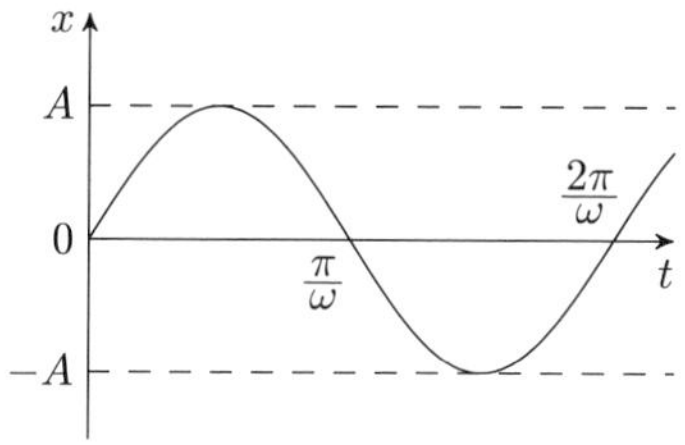

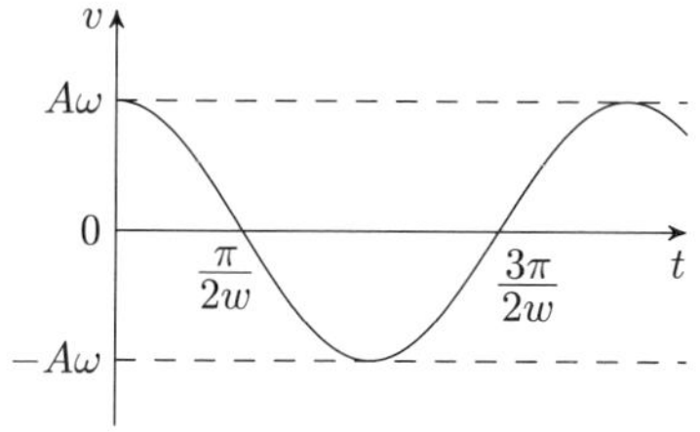

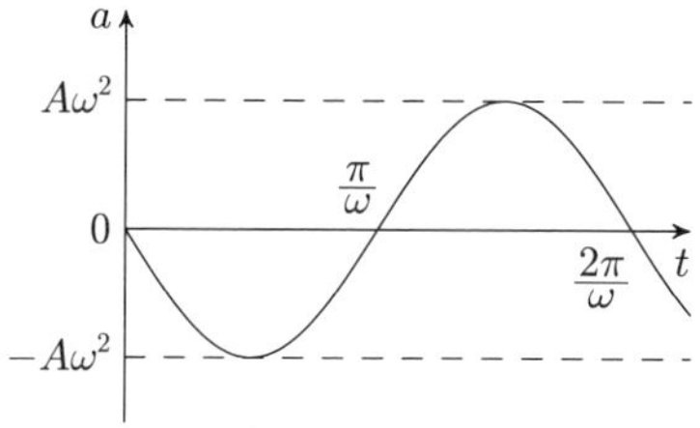

・sin, cos, exp, log などの関数の引数は無次元数である．いまの場合 ωt は無次元数で t は時間なので ω は時間の逆数の次元をもつ．また A は長さの次元，$A\omega$ は速度の次元をもつ．

例題 2 の発展問題

2-1. 物体の速度が $v(t) = v_0 - gt$（v_0, g は定数）で与えられる場合に，位置 $x(t)$ を求めよ．ただし $x(0) = x_0$ とする．

2-2. 物体の加速度が $a(t) = Ae^{-\gamma t}$（A, γ は正の定数）で与えられる場合に，速度 $v(t)$，位置 $x(t)$ を求めよ．ただし $x(0) = 0$, $v(0) = v_0$ とする．

重要度
★★★★★

2 力

《内容のまとめ》

力を加えない物体は速度を変えず一定の速度で運動し続ける（慣性の法則）．逆に言うと，物体の速度の変化を引き起こすものは力である．力にはさまざまな種類がある．身近なところでは，重力，伸ばしたバネが元に戻ろうとする復元力，ロープにかかる張力，互いに接した物体の間に働く摩擦力，空気や水の中を動く物体に働く抵抗力などがある．物体に 2 つの力が互いに逆向きに働いていて，それらの大きさが等しいとき，力はつりあっているという．x 軸を力の働く方向としたとき，その向きに応じて力に符号を付けて表す．x 軸の正（負）の向きに働く力は正（負）となる．力の単位は N（ニュートン）である．1 N は，1 kg の物体に 1 m/s^2 の加速度を与えるのに必要な力，すなわち 1 N = 1 kg · m/s^2 である．

代表的な力の例：

- **地上での重力** $F = mg$：物体の質量 m [kg] と**重力加速度** $g = 9.8$ [m/s^2] の積であり，鉛直下向きに働く．
- バネの**復元力** $F = -kx$：バネの伸び x [m] に比例し，バネを引き戻す向きに働く．比例定数 k [N/m] を**バネ定数**とよぶ．
- **万有引力**：地上での重力や，惑星が太陽のまわりを公転する運動は，万有引力とよばれる力で説明できることがニュートンによって発見された．質量 m, M の 2 つの質点の間に働く万有引力は，質点間の距離を r として

$$F = -\frac{GMm}{r^2} \tag{2.1}$$

で与えられる．ここで $G = 6.67 \times 10^{-11}$ $\mathrm{m}^3 \cdot \mathrm{kg}^{-1} \cdot \mathrm{s}^{-2}$ は万有引力定数とよばれる定数である．また，マイナス符号は力が質点同士を近づける向きに働く引力であることを意味している．

- クーロン力：電荷を帯びた物体の間に働く力．距離 r だけ離れた点状の電荷 q, Q の間に働く力は

$$F = \frac{qQ}{4\pi\epsilon_0 r^2} \tag{2.2}$$

で与えられ，2 つの電荷の符号が同じときは斥力（反発力），異なるときは引力となる．ここで $\epsilon_0 = 8.85 \times 10^{-12}$ $\mathrm{m}^{-3} \cdot \mathrm{kg}^{-1} \cdot \mathrm{s}^4 \cdot \mathrm{A}^2$ は真空の誘電率とよばれる量である．なお電荷の単位は C (クーロン) であり，基本単位の A (アンペア) とは 1 C = 1 A· s で関係付けられる．

例題 3　力の大きさと向き

(1) 体重 50 kg の人間に働く重力の大きさを求めよ．

(2) 自然長 10 cm，バネ定数 50 N/m のバネを引き伸ばしてバネの長さを 10 cm から 15 cm までの範囲で変化させるとき，バネの長さと復元力の関係をグラフに描け．ただし力の符号はバネを縮める向きを正とする．

(3) 小球が水中を速さ 30 cm/s で鉛直下向きに落下している．小球に働く抵抗力は速さに比例し，その比例係数は 2.0×10^{-4} N · s/m であるとして，抵抗力の大きさと向きを求めよ．

考え方

重力は $F = mg$，バネの復元力は $F = -kx$ で与えられる．これらの公式に m, g, k, x の値を代入することで力が求まる．それぞれの量の単位に注意すること．また，バネの問題では符号に注意する．

解答

(1) 質量 m の物体に働く重力の大きさは $F = mg$ だから，$F = 50\ \mathrm{kg} \cdot 9.8\ \mathrm{m/s^2} = 490\ \mathrm{N}$．

(2) バネの伸びを x として復元力は $F = kx$．自然長を ℓ_0 としてバネの長さは $\ell = \ell_0 + x$ だから $F = k(\ell - \ell_0)$．$\ell_0 = 10$ cm, $k = 0.50$ N/cm だから $\ell = 15$ cm のとき $F = 2.5$ N. グラフは下図.

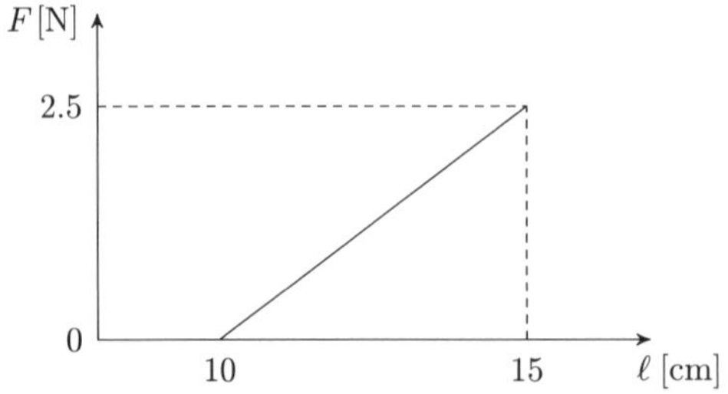

(3) 力の大きさは $2.0 \times 10^{-4}\ \mathrm{N \cdot s/m} \times 0.30\ \mathrm{m/s} = 6.0 \times 10^{-5}$ N. 向きは速度と逆向きなので鉛直上向き．

ワンポイント解説

・力の単位 N で表す．$1\ \mathrm{N} = 1\ \mathrm{kg \cdot m/s^2}$．

・バネが縮む向きを正としているので公式 $F = -kx$ とは符号が逆になる．

・長さは cm から標準単位 m に直して計算する．

例題 3 の発展問題

3-1. 万有引力の式 (2.1) と地球の質量 $M = 6.0 \times 10^{24}$ kg，地球の半径 $r = 6.4 \times 10^{6}$ m を用いて地表での重力加速度 g を計算せよ．ただし万有引力を求める際，地球をその中心にある質量 M の質点に置き換えてよい．

3-2. 電気素量 $e = 1.6 \times 10^{-19}$ C を用いて陽子の電荷は e，電子の電荷は $-e$ と表せる．水素原子を構成する陽子と電子の距離が $r = 5.3 \times 10^{-11}$ m であるとき，両者の間に働くクーロン力の大きさを式 (2.2) を用いて求めよ．

例題 4　力の合成

(1) バネ定数 k，自然長 ℓ のバネに質量 m のおもりを鉛直に吊り下げた．バネの伸びを $\Delta\ell$ として，おもりに働くバネの復元力と重力の合力 F を求めよ．また，力がつりあっているとして $\Delta\ell$ を求めよ．

(2) 質量 m のおもりが鉛直下向きの速度 v で落下している．おもりには速度と逆向きに大きさ Rv の抵抗力が働くとする．重力と抵抗力がつりあっているとして，おもりの速度 v を求めよ．

考え方

それぞれの力の向きを考慮して符号を決め，力を足し合わせる．

‖解答‖

(1) バネの復元力は鉛直上向きに $k\Delta\ell$．重力は鉛直下向きに大きさ mg．これらの合力は鉛直上向きを正の向きとして $k\Delta\ell - mg$．力がつりあうとき，合力は 0 になるから $k\Delta\ell - mg = 0$．よって $\Delta\ell = mg/k$．

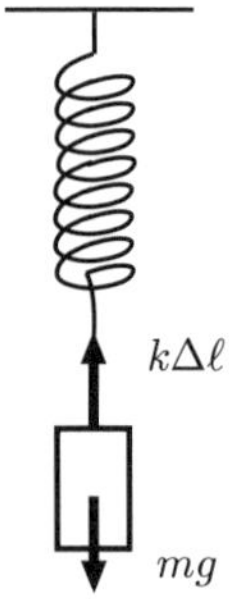

ワンポイント解説

・鉛直上向きを正とするか下向きを正とするかは任意．

(2) 抵抗力は鉛直上向きに大きさ Rv．重力は鉛直下向きに大きさ mg．力がつりあうとき $Rv = mg$ より $v = mg/R$．

・重力と抵抗力がつりあうときの速度を終端速度という．

例題 4 の発展問題

4-1. (1) 月，地球，太陽がこの順で一直線上に並んでいるとき，および (2) 地球，月，太陽がこの順で一直線上に並んでいるときのそれぞれについて，月が地球および太陽から受ける万有引力の合力を求めよ．月，地球，太陽の質量はそれぞれ $m = 7.3 \times 10^{22}$ kg, $M_E = 6.0 \times 10^{24}$ kg, $M_S = 2.0 \times 10^{30}$ kg である．また月と地球の距離は $r = 3.8 \times 10^8$ m，月と太陽の距離は $R = 1.5 \times 10^{11}$ m である．

重要度
★★★★★

3　運動方程式

《 内容のまとめ 》

力が位置，速度および時間の関数 $F = F(x, v, t) = F(x, \frac{dx}{dt}, t)$ として与えられると，質点の運動を表す**運動方程式**は $x(t)$ についての 2 階微分方程式

$$m\frac{d^2x}{dt^2} = F\left(x, \frac{dx}{dt}, t\right)$$

となる．これを解くにはさまざまな解法が用いられる．この章では次の 2 つの場合を考える．

(i) 力が時間の関数として与えられている場合

この場合は 1 章で見たように，加速度 $a(t) = F(t)/m$ を積分することで速度 $v(t)$ が求まる．次に $v(t)$ を積分することにより位置 $x(t)$ が求まる．積分定数を決めるには，最初の時刻における速度や位置の値がわかっていればよい．これらを**初期条件**という．

(ii) 力が速度の関数として与えられている場合

運動方程式 $m\,dv/dt = F(v)$ を $m\,dv/F(v) = dt$ と変形して両辺を積分する：

$$m\int\frac{dv}{F(v)} = \int dt = t + C$$

このような解法を**変数分離法**という．

例題 5　鉛直投げ上げ

地表から高さ h_0 の地点から，速度 v_0 で鉛直上向きに質量 m のボールを投げ上げた.

(1) 地表からのボールの高さ h，速度 v を，投げ上げてからの時間 t の関数として求めよ.

(2) ボールが最高点に達したときの時刻 t_1 と高さ h_1，および地表に落下したときの時刻 t_2 を求めよ.

(3) $h_0 = 0.1$ m, $v_0 = 1.0$ m/s の場合の $h(t)$, $v(t)$ を $0 \leq t \leq t_2$ の範囲でグラフに描け.

考え方

運動方程式を立てて加速度を求める．加速度を時間について積分し，初期条件（初速度）を用いて積分定数を決めることで $v(t)$ が求まる．速度を時間について積分し，初期条件を用いると $h(t)$ が求まる.

‖解答‖

(1) 鉛直上向きを正の向きとする．ボールに働く力は重力 $-mg$ だから，運動方程式は $ma = -mg$，加速度は $a = -g$．これを時間で積分して $v = -gt + C$（C は定数）．時刻 $t = 0$ に $v = v_0$ だったから $C = v_0$．よって

$$v(t) = v_0 - gt.$$

これを時間で積分して $h = v_0 t - \frac{1}{2}gt^2 + C'$（$C'$ は定数）．時刻 $t = 0$ に $h = h_0$ だったから $C' = h_0$．よって

$$h(t) = h_0 + v_0 t - \frac{1}{2}gt^2.$$

(2) 最高点に達するのは $v = 0$ すなわち $t = t_1 = v_0/g$ のときで，そのときの高さは $h_1 = h_0 + v_0^2/2g$．また落下するときの時刻は $h(t) = h_0 + v_0 t - \frac{1}{2}gt^2 = 0$ を解いて

ワンポイント解説

・初期条件は，$v(0) = v_0$ および $h(0) = h_0$.

$$t = t_2 = \frac{v_0}{g} + \sqrt{\frac{v_0^2}{g^2} + \frac{2h_0}{g}}.$$

(3) 時刻 t [s] における高さは $h = 0.1 + 1.0t - 4.9t^2$ [m], 速度は $v = 1.0 - 9.8t$ [m/s]. $h_1 = 0.15$ m, $t_1 = 0.10$ s, $t_2 = 0.28$ s, $v_2 = -0.17$ m/s.

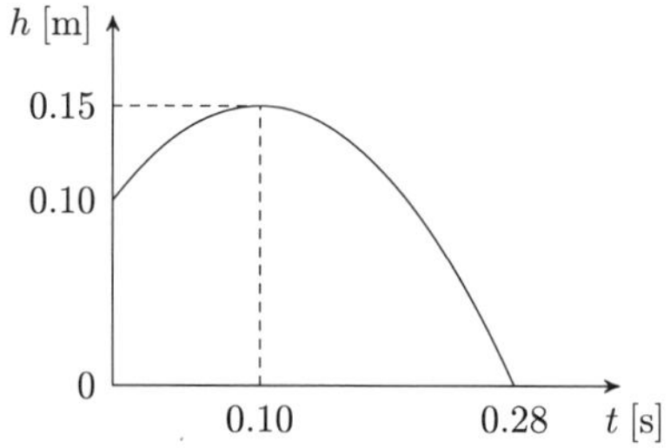

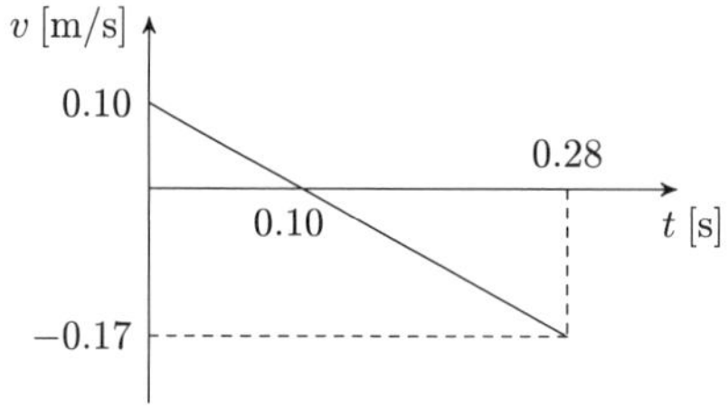

例題 5 の発展問題

5-1. 電荷 q を帯びた質量 m の粒子を x 軸方向の交流電場 $E(t) = E_0 \cos \omega t$（E_0, ω は正の定数）の中におく．時刻 $t = 0$ に粒子は $x = 0$ にあり静止していた．粒子には電場による力 qE のみが働く．運動方程式を解いて粒子の速度 $v(t)$，位置 $x(t)$ を求めよ．

例題 6　抵抗力を受ける落体

質量 m の物体が重力 mg および速度に比例する抵抗力 $-Rv$ を受けて落下する．時刻 $t=0$ において速度は 0 であった．

(1) 運動方程式を立て，速度 $v(t)$ を求め，そのグラフを描け．

(2) 時刻 t までに落下する距離 $x(t)$ を求め，そのグラフを描け．

考え方

力は速度のみの関数だから変数分離法を用いることができる．微分 dv/dt は定義をたどれば微小量 Δv と Δt の比であるからこれを分数のようにみなして dv と dt に分離する．

‖解答‖

(1) 鉛直下向きを正の向きとして，物体が受ける力は $mg - Rv$．運動方程式は

$$m\frac{dv}{dt} = mg - Rv. \tag{3.1}$$

両辺に $dt/(mg-Rv)$ をかけて

$$-\frac{m}{R}\cdot\frac{dv}{v - mg/R} = dt.$$

これを時刻 0 から t まで積分して

$$-\frac{m}{R}\int_{v(0)}^{v(t)}\frac{dv}{v - mg/R} = \int_0^t dt.$$

積分を実行すると

$$-\frac{m}{R}\ln\left[\frac{v(t) - mg/R}{v(0) - mg/R}\right] = t.$$

両辺に $-R/m$ をかけて指数関数の肩に乗せると

$$\frac{v(t) - mg/R}{v(0) - mg/R} = e^{-Rt/m}.$$

初期条件 $v(0)=0$ を使うと

ワンポイント解説

・左辺は（v の関数）× dv，右辺は（t の関数）× dt となるようにする．

$$v(t) = \frac{mg}{R}\left(1 - e^{-Rt/m}\right)$$

となる．

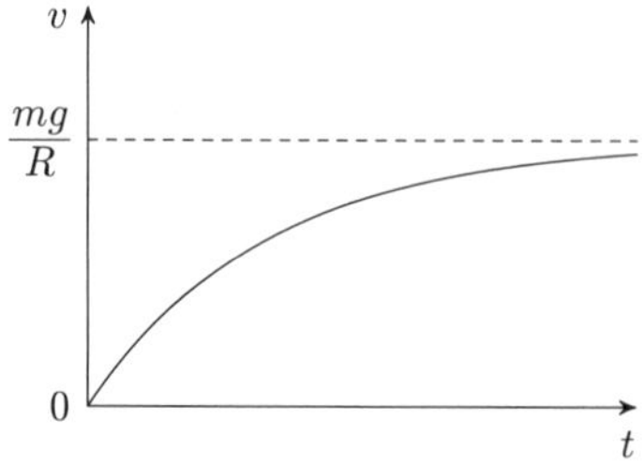

・$v(t \to \infty) = mg/R$ は終端速度（重力と抵抗力がつりあうときの速度）である．

(2) 速度を積分して，

$$x(t) = \int_0^t v(s)\,ds = \frac{mg}{R}\left[t - \frac{m}{R}\left(1 - e^{-Rt/m}\right)\right].$$

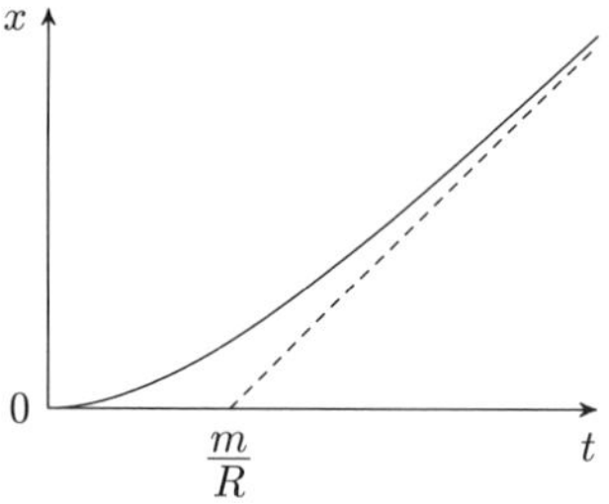

・t は積分区間の上端であるから，積分変数には t とは異なる文字を用いる．

・$t \to \infty$ のときグラフは直線 $x = (mg/R)(t - m/R)$ に近づく．

例題 6 の発展問題

6-1. 質量 m の雨滴が速度の 2 乗に比例する抵抗力 $F = -Qv^2$（Q は定数）を受けて空気中を落下する．雨滴の運動方程式を解き，速度を時刻 t の関数として求めよ．ただし $t = 0$ で速度は 0 だったとする．

重要度
★★★★★

4 振動

《 内容のまとめ 》

バネ定数 k のバネに取り付けられた質量 m の物体の運動を考えよう．物体は下図のように水平でなめらかな床の上でバネに沿った直線上を運動するものとする．

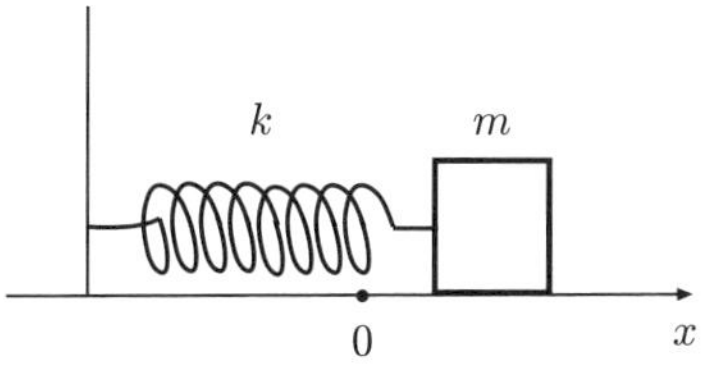

バネが自然長の位置にあるとき（バネに力が加わっていないとき）の物体の位置を $x=0$ として，バネが伸びる向きに x 軸をとる．質点の運動方程式は

$$m\ddot{x} = -kx \tag{4.1}$$

である．両辺を m で割るとこの式は

$$\ddot{x} = -\omega^2 x, \qquad \omega = \sqrt{\frac{k}{m}} \tag{4.2}$$

と変形できる．この微分方程式の一般解（最も一般的な解）は

$$x(t) = A\cos\omega t + B\sin\omega t \qquad (A, B \text{ は定数}) \tag{4.3}$$

と書けることが知られている．実際，この式を時間で微分すると

$$\dot{x}(t) = -A\omega\sin\omega t + B\omega\cos\omega t, \tag{4.4}$$

$$\ddot{x}(t) = -A\omega^2\cos\omega t - B\omega^2\sin\omega t = -\omega^2 x(t) \tag{4.5}$$

となって，確かに式 (4.2) を満たす．式 (4.3) で表される運動を単振動といい，ω をその角振動数とよぶ．A, B は任意の定数であるが，時刻 $t = 0$ における位置 x_0 と速度 v_0 が与えられると，

$$x_0 = x(0) = A, \quad v_0 = v(0) = \dot{x}(0) = B\omega \tag{4.6}$$

より $A = x_0$, $B = v_0/\omega$ となり，

$$x(t) = x_0 \cos \omega t + \frac{v_0}{\omega} \sin \omega t \tag{4.7}$$

と解が定まる．

例題 7　鉛直方向の単振動

質量 m のおもりがバネ定数 k のバネによって天井から鉛直に吊り下げられている．バネが伸びていないときのおもりの位置を $x = 0$ として鉛直下向きに x 軸をとる．

(1) おもりの運動方程式を立て，つりあいの位置 x_0 を求めよ．

(2) つりあいの位置からのバネの変位 $x' = x - x_0$ を用いて運動方程式を表し，その一般解を求めよ．

(3) 時刻 $t = 0$ におもりを $x = 2x_0$ の位置まで引き下げてそっと手放した．その後のおもりの運動を求め，$x(t)$ のグラフに描け．

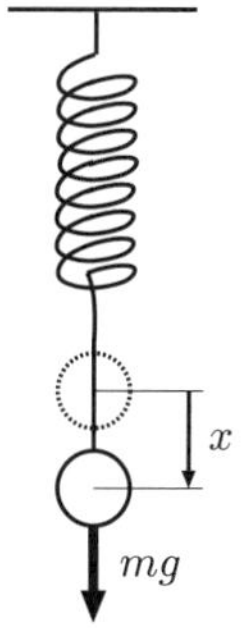

考え方

つりあいの位置からの変位を変数としてとることで単振動の方程式が得られる．一般解は 2 つの定数を含んでいるので，位置と速度についての初期条件を使って定数の値を求める．

解答

ワンポイント解説

(1) おもりに働く力は重力 mg とバネの復元力 $-kx$ であるから運動方程式は

$$m\ddot{x} = mg - kx.$$

つり合いの位置は上式右辺の力が 0 になる点であるから $x_0 = mg/k$.

(2) (1) の運動方程式に $x = x' + x_0$, $\ddot{x}' = \ddot{x}$ を代入する

（ワンポイント解説）x と x' の差は定数なので $\dot{x} = \dot{x}'$, $\ddot{x} = \ddot{x}'$.

と，

$$m\ddot{x}' = -kx'$$

となる．$\omega = \sqrt{k/m}$ とおくと

$$\ddot{x}' = -\omega^2 x'$$

となり，これは角振動数 ω の単振動の式であるから一般解は

$$x'(t) = A\cos\omega t + B\sin\omega t \quad (A, B \text{ は定数}).$$

初期条件は $x(0) = 2x_0$, $\dot{x}(0) = 0$，つまり $x'(0) = x_0$, $\dot{x}'(0) = 0$．一方，$x'(0) = A$, $\dot{x}'(0) = B\omega$ なので $A = x_0$, $B = 0$. よって

$$x(t) = x_0(1 + \cos\omega t).$$

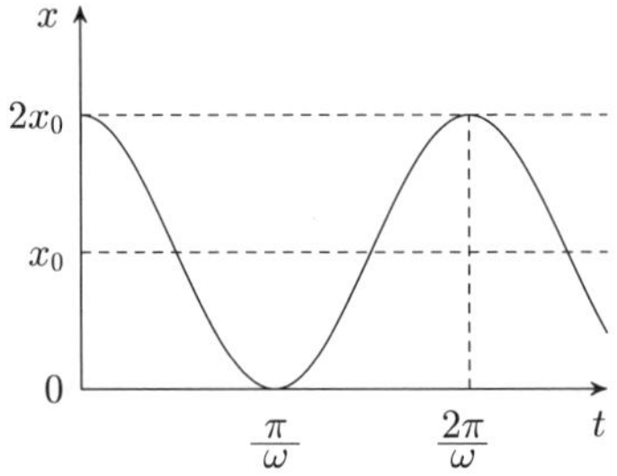

・$\dot{x}'(t) = -A\omega\sin\omega t + B\omega\cos\omega t$ より $\dot{x}'(0) = B\omega$.

例題 7 の発展問題

7-1. 質量 m の小さなおもりを 2 本のバネで左右の壁とつなぎ，水平方向に運動させる．左右のバネのバネ定数はそれぞれ k_1, k_2, 自然長はどちらも ℓ, 壁の間の間隔は 2ℓ とする．おもりの運動を求めよ．

7-2. バネ定数 k_1, k_2 の 2 本のバネを直列につなぎ，質量 m のおもりを天井から鉛直に吊り下げた．つりあいの位置から下向きに距離 d だけおもりを引き下げて，手を離したあとのおもりの運動を求めよ．なお，2 本のバネにかかる力はつねに等しいとしてよい．

例題 8　減衰振動

バネ定数 k のバネにつながれた質量 m のおもりが鉛直方向に運動する．おもりは液体中にあり，重力 mg および速度に比例する抵抗力 $-Rv$ を受ける．鉛直下向きを正の向きとし，つりあいの位置からの変位を x とする．

(1) おもりの運動方程式を立てよ．

(2) 運動方程式の解を $x = e^{\lambda t}$ の形において λ を求めよ．

(3) 運動方程式の一般解を求めよ．

(4) $m = 1$ kg, $k = 5$ N/m, $R = 2$ N · s/m とする．時刻 $t = 0$ におもりは $x = 0.6$ m にあり速度は 0 であった．運動方程式の解を求め，$x(t)$ のグラフを描け．

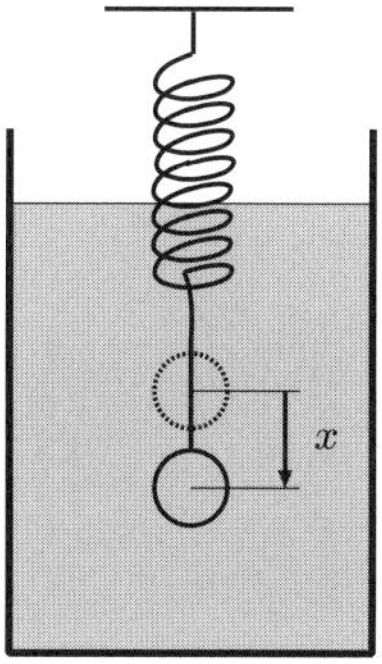

考え方

運動方程式は $x, \dot{x}, \ddot{x}$ について 1 次の微分方程式，すなわち **2** 階線形微分方程式となる．この方程式の特別な解（特殊解）として指数関数 $x = e^{\lambda t}$ を仮定すると λ についての 2 次方程式が得られる．その解 λ_1, λ_2 は 2 つの特殊解を与え，それらの線形重ね合わせ $x(t) = Ae^{\lambda_1 t} + Be^{\lambda_2 t}$ が微分方程式の一般解となる．

‖解答‖

ワンポイント解説

(1) 例題 7 で見たように，つりあいの位置では重力とバネの復元力が相殺する．そのときのバネの伸びを δ と

すると $mg = k\delta$. つりあいの位置からの変位が x のときバネの伸びは $\delta + x$ だから，重力とバネの復元力の合力は $mg - k(\delta + x) = -kx$ となる．抵抗力 $-Rv = -R\dot{x}$ を加えて，運動方程式は

$$m\ddot{x} = -R\dot{x} - kx. \tag{4.8}$$

(2) 運動方程式を $m\ddot{x} + R\dot{x} + kx = 0$ の形に書き直し，$x = e^{\lambda t}$ を代入する．$\dot{x} = \lambda e^{\lambda t}$, $\ddot{x} = \lambda^2 e^{\lambda t}$ より $(m\lambda^2 + R\lambda + k)e^{\lambda t} = 0$. ここで $e^{\lambda t} \neq 0$ だから

$$m\lambda^2 + R\lambda + k = 0.$$

2 次方程式の解の公式より

$$\lambda = \lambda_\pm = \frac{-R \pm \sqrt{R^2 - 4mk}}{2m} \tag{4.9}$$

となる．

(3) (2) で求めた特殊解の線形重ね合わせ

$$x(t) = C_+ e^{\lambda_+ t} + C_- e^{\lambda_- t} \quad (C_+, C_- \text{ は任意の定数}) \tag{4.10}$$

・関数 $f_1(t)$，$f_2(t)$ に対して，$C_1 f_1(t) + C_2 f_2(t)$ $(C_1, C_2$ は定数$)$ をそれらの線形重ね合わせとよぶ．

は運動方程式 (4.8) の解である．実際，

$$\dot{x} = C_+ \lambda_+ e^{\lambda_+ t} + C_- \lambda_- e^{\lambda_- t}, \tag{4.11}$$

$$\ddot{x} = C_+ \lambda_+^2 e^{\lambda_+ t} + C_- \lambda_-^2 e^{\lambda_- t} \tag{4.12}$$

を使うと

$$\begin{aligned} m\ddot{x} + R\dot{x} + kx &= C_+(m\lambda_+^2 + R\lambda_+ + k)e^{\lambda_+ t} \\ &\quad + C_-(m\lambda_-^2 + R\lambda_- + k)e^{\lambda_- t} \\ &= 0 \end{aligned}$$

となる．また，初期条件 $x(0) = x_0$, $\dot{x}(0) = v_0$ が与えられたとき，式 (4.10) および式 (4.11) に $t = 0$ を代入して

$$x_0 = C_+ + C_-, \quad v_0 = C_+\lambda_+ + C_-\lambda_-$$

となり，これから C_+, C_- の値が決まる．したがって，与えられた初期条件に対する微分方程式の解の一意性より，式 (4.10) は一般解である．

・2 つの独立な初期条件を満たす 2 階微分方程式の解は 1 つしかないこと（解の一意性）が知られている．

(4) m, k, R の値を式 (4.9) に代入して $\lambda_\pm = -1 \pm 2i$ [s^{-1}]．一般解は

$$\begin{aligned} x(t) &= C_+ e^{(-1+2i)t} + C_- e^{(-1-2i)t} \\ &= e^{-t}\left(A\cos 2t + B\sin 2t\right). \end{aligned}$$

ここで $\cos t = (e^{it} + e^{-it})/2$, $\sin t = (e^{it} - e^{-it})/2i$ を用い，$A = C_+ + C_-$, $B = i(C_+ - C_-)$ とおいた．これより速度は

・オイラーの公式 $e^{it} = \cos t + i\sin t$.

$$\dot{x}(t) = e^{-t}\left[(-A + 2B)\cos t - (2A + B)\sin t\right] \quad (4.13)$$

となる．初期条件より $x(0) = A = 0.6$, $v(0) = -A + 2B = 0$. よって $A = 0.6$ m, $B = 0.3$ m で

$$x(t) = e^{-t}\left(0.6\cos t + 0.3\sin t\right) \text{ [m]}.$$

・このように時間とともに振幅が減衰する振動を減衰振動とよぶ．

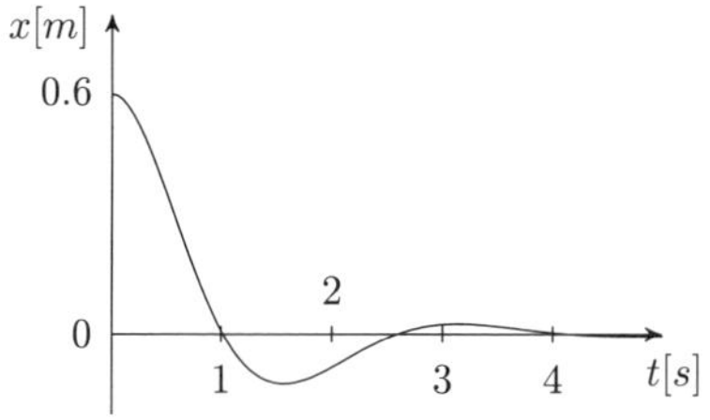

例題 8 の発展問題

8-1. 例題 8 において次のそれぞれの場合の解を求めよ．時刻 $t = 0$ におもりは $x = 0.6$ m にあり，速度は 0 だったとする．

(1) $m = 1$ kg, $k = 3$ N/m, $R = 4$ N $\cdot$ s/m.

(2) $m = 1$ kg, $k = 4$ N/m, $R = 4$ N $\cdot$ s/m.

例題 9　強制振動

バネ定数 k のバネにつながれた質量 m の小球が水平方向に振動する．その固有振動数を $\omega = \sqrt{k/m}$ とする．小球は電荷 q をもっており，バネによる力の他に交流電場 $E = E_0 \sin \omega_0 t$（E_0, ω_0 は正の定数）による力 $F(t) = F_0 \sin \omega_0 t$ $(F_0 = qE_0)$ を受ける．

(1) バネの伸びを x としておもりの運動方程式を立て，その一般解を求めよ．また，非斉次解の振幅を $C = C(\omega)$ としてそのグラフを描け．

(2) 時刻 $t = 0$ におもりは $x = 0$ で静止していたとする．その後の運動を求めよ．

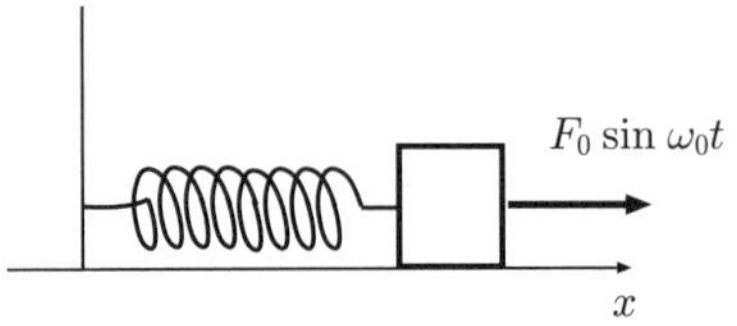

考え方

固有角振動数 ω で単振動する質点に外力 $F(t)$ が加わったときの運動方程式は $\ddot{x} + \omega^2 x = F(t)$ である．$F(t)$ が $\sin \omega_0 t$ に比例する場合，それと同じ振動数で振動する解があると考えられる．そのような特殊解を $x_0(t) = C \sin(\omega_0 t + \phi)$（$C, \phi$ は定数）の形において見つける．これを**非斉次解**という．次に $x(t) = x_0(t) + y(t)$ とおくと，$y(t)$ は外力のない単振動の方程式 $\ddot{y} + \omega^2 y = 0$ に従うことがわかる．これは一般解 $y(t) = A \cos \omega t + B \sin \omega t$ をもつ．これを**斉次解**という．また ω を（外力の角振動数と区別して）**固有角振動数**とよぶ．こうして一般解が斉次解と非斉次解の和として得られる．

解答

(1) 運動方程式は $m\ddot{x} = -kx + F_0 \sin \omega_0 t$. 両辺を m で割って

$$\ddot{x} = -\omega^2 x + \frac{F_0}{m} \sin \omega_0 t. \tag{4.14}$$

ワンポイント解説

特殊解を $x(t) = x_0(t) = C\sin(\omega_0 t + \phi)$（$C, \phi$ は定数）の形において式 (4.14) に代入すると，

$$-C\omega_0^2 \sin(\omega_0 t + \phi) = -C\omega^2 \sin(\omega_0 t + \phi) + \frac{F_0}{m}\sin\omega_0 t.$$

・外力と同じ振動数をもつ特殊解を仮定する．振幅 C と位相 ϕ は未知定数である．

この式が任意の時刻 t で成り立つには $\phi = 0$ が必要．両辺の $\sin\omega_0 t$ の係数を比べて $C = F_0/m(\omega^2 - \omega_0^2)$ となる．次に一般解を $x(t) = x_0(t) + y(t)$ とおくと，

・$x(t), x_0(t)$ はどちらも式 (4.14) を満たすことを使う．

$$\begin{aligned}\ddot{y} &= \ddot{x} - \ddot{x}_0 \\ &= \left(-\omega^2 x + \frac{F_0}{m}\sin\omega_0 t\right) - \left(-\omega^2 x_0 + \frac{F_0}{m}\sin\omega_0 t\right) \\ &= -\omega^2 y.\end{aligned}$$

これは単振動の方程式で，一般解は

$$y(t) = A\cos\omega t + B\sin\omega t \quad (A, B \text{ は定数}).$$

よって式 (4.14) の一般解は

$$x(t) = \frac{F_0}{m(\omega^2 - \omega_0^2)}\sin\omega_0 t + A\cos\omega t + B\sin\omega t.$$

・このように振動する外力によって生じる振動を強制振動とよぶ．

非斉次解の振幅 $C = C(\omega)$ のグラフは下図のようになり，$\omega = \omega_0$ で発散する．これは共鳴とよばれる現象である．なお，質点に抵抗力が働く場合は振幅は有限にとどまる（発展問題 9-2 を参照）．

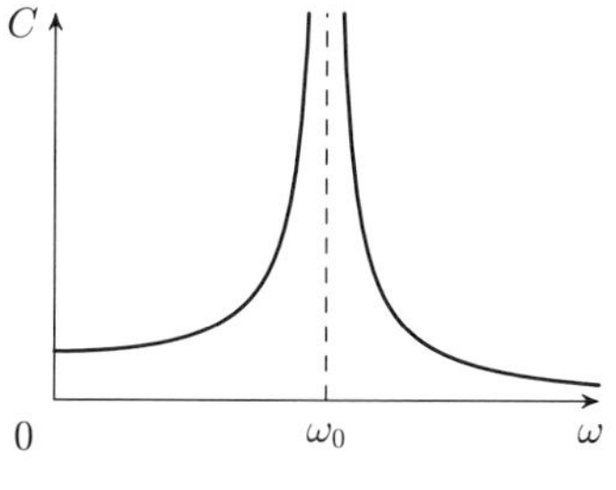

(2) 上の一般解から $x(0) = A$．また

$$\dot{x}(t) = \frac{F_0\omega_0}{m(\omega^2 - \omega_0^2)}\cos\omega_0 t - A\omega\sin\omega t + B\omega\cos\omega t$$

なので

$$\dot{x}(0) = \frac{F_0\omega_0}{m(\omega^2 - \omega_0^2)} + B\omega.$$

これらと初期条件 $x = 0$, $\dot{x} = 0$ より

$$A = 0, \quad B = -\frac{F_0\omega_0}{m\omega(\omega^2 - \omega_0^2)}.$$

したがって求める解は

$$x(t) = \frac{F_0}{m(\omega^2 - \omega_0^2)}\left(\sin\omega_0 t - \frac{\omega_0}{\omega}\sin\omega t\right).$$

例題 9 の発展問題

9-1. 例題 9 において外力が $F(t) = F_1\sin\omega_1 t + F_2\cos\omega_2 t$（$F_1, F_2, \omega_1, \omega_2$ は正の定数）で与えられる場合の質点の運動はどうなるか.

9-2. 例題 9 において，バネの復元力と外力に加えて速度に比例する抵抗力 $-m\gamma\dot{x}$ (γ は定数) が働く場合の質点の運動はどうなるか．また，$\gamma = \omega_0/5$, $\omega_0/2$ のときの非斉次解の振幅 C をそれぞれ ω の関数としてグラフに示せ.

9-3. 水平でなめらかな床の上で質量 m のおもりがバネ定数 k，自然長 ℓ のバネによって可動壁につながれている．時刻 $t = 0$ におもりは $x = 0$，可動壁は $x = \ell$ にあり，どちらも静止していた．その後，可動壁をその位置が $x = \ell + A\sin\omega_0 t$（$A, \omega_0$ は正の定数）となるように動かした．おもりの運動を求めよ.

重要度
★★★★★

5 エネルギーと仕事

《内容のまとめ》

質量 m の質点が速度 v で運動しているとき，

$$K=\frac{1}{2}mv^2 \tag{5.1}$$

で定義される量を質点の運動エネルギーという．運動エネルギーの時間変化率は，運動方程式 $m\dot{v}=F$ を用いて

$$\frac{dK}{dt}=mv\dot{v}=Fv \tag{5.2}$$

と計算できる．この式を時刻 t について $t_1<t<t_2$ で積分すると

$$K(t_2)-K(t_1)=\int_{t_1}^{t_2}Fv\,dt=\int_{x(t_1)}^{x(t_2)}Fdx \tag{5.3}$$

となる．最後の式では $v = dx/dt$ を用いて積分変数を t から x に変換した．右辺に現れた量

$$W=\int_{x(t_1)}^{x(t_2)}Fdx \tag{5.4}$$

を力 F が質点にした仕事とよぶ．関係式 (5.3) は，運動エネルギーの変化 $\Delta K=K(t_2)-K(t_1)$ は質点が受けた仕事に等しいことを意味する：

$$\Delta K=W \tag{5.5}$$

x 軸上を運動する質点が受ける力 F が質点の座標 x の関数であるとき，

$$F(x) = -\frac{dU}{dx} \tag{5.6}$$

となるような関数 $U(x)$ がある．この関数を力 F のポテンシャルとよぶ．式 (5.6) から，ポテンシャルは

$$U(x) = -\int^{x} F(x')dx' \tag{5.7}$$

によって与えられることがわかる．ポテンシャルで与えられる力として次のような例がある．

例 1．質量 m の質点に働く重力 $F = -mg$（鉛直上向きを x 軸の正の向きとする）：

$$U(x) = mgx + C \quad (C \text{ は定数}) \tag{5.8}$$

例 2．バネ定数 k のバネの復元力 $F = -kx$（つりあいの位置を $x = 0$，バネが伸びる向きを x 軸の正の向きとする）：

$$U(x) = \frac{k}{2}x^2 + C' \quad (C' \text{ は定数}) \tag{5.9}$$

上の例で定数 C, C' の値は任意であることに注意しよう．実際，力はポテンシャルの微分で決まるので，ポテンシャルに定数を加えても質点の運動には影響しない．このような任意性をなくすには，ポテンシャルが 0 となる基準点を決めておく必要がある．例えば例 2 で，つりあいの位置におけるポテンシャルを 0 と決めれば $U = \frac{1}{2}kx^2$ となる．

ポテンシャルはエネルギーの一種である．力がポテンシャルで与えられる場合，質点の運動エネルギー K とポテンシャル U の和 $E = K + U$ を力学的エネルギーという．力学的エネルギーは時間変化しない（エネルギー保存則）．このことは次のように E の時間微分を計算することで確かめられる：

$$\dot{E} = \dot{K} + \dot{U} = m\ddot{x}\dot{x} + \frac{dU}{dx}\dot{x} = (m\ddot{x} - F)\,\dot{x} = 0, \tag{5.10}$$

$$E = \text{一定} \tag{5.11}$$

式 (5.10) では $\frac{d}{dt}\left(\dot{x}^2\right) = 2\ddot{x}\dot{x}$ および運動方程式 $m\ddot{x} = F$ を用いた．

例題 10　仕事

(1) 水平な地面の上に置かれた台車にロープを付けて水平方向に引いた．はじめ 10 N の力で 5 m 動かし，続けて力を 20 N にして 3 m 動かした．ロープの張力が台車にした仕事を求めよ．

(2) 水平な地面に置かれた質量 1.3 t の自動車が走り出し，速度 100 km/h に達した．この間に自動車が地面から受けた仕事の大きさを求めよ．なお空気抵抗は無視できるとしてよい．

(3) 床に置かれていた質量 50 kg の荷物をロープに吊り下げて持ち上げ，床から高さ 10 m の地点で止めた．この間に重力およびロープの張力が荷物にした仕事をそれぞれ求めよ．

考え方

仕事は力を積分して求めるか，運動エネルギーの変化から求める．(1) では各区間で力が一定であるから，（力）×（変位）が仕事となる．(2) では力の大きさがわからないので運動エネルギーの変化を求める．(3) では重力と張力のした仕事の和が運動エネルギーの変化に等しい．最初と最後の状態で荷物は静止しているので運動エネルギーの変化は 0.

解答

(1) 仕事の定義 $W = \int_{x_1}^{x_2} F dx$ から，力が一定の区間では変位を Δx として $W = F\Delta x$. 各区間での仕事を足し合わせて，$W = 10 \cdot 5 + 20 \cdot 3 = 110$ J.

(2) 地面から受ける力のみが仕事をし，その仕事 W は運動エネルギーの変化 ΔK に等しい．質量 $m = 1.3 \times 10^3$ kg と時速 $v = 100$ km/h $= 100 \times 10^3/60^2$ m/s から運動エネルギーの変化は $\Delta K = \frac{1}{2}mv^2 - 0 = 5.0 \times 10^5$. よって $W = 5.0 \times 10^5$ J.

(3) 鉛直上向きを正として質量 m の物体に働く重力は $-mg$. 高さ h だけ持ち上げるとき重力のする仕事は $W = -mgh$. $m = 50$ kg, $g = 9.8$ m/s^2, $h = 10$ m を代入して，重力がした仕事は $W = -4900$ J. 床に

ワンポイント解説

・仕事の単位はエネルギーと同じ J（ジュール）．

・力と変位の向きが逆のとき仕事は負になる．

置かれていたときと持ち上げた後の運動エネルギーは 0 なので，運動エネルギーの変化は 0 であり，これは重力と張力が荷物にした仕事の和である．したがって張力がした仕事は $-W = 4900$ J.

例題 10 の発展問題

10-1. 質量 m の物体が速度 $v(t) = v_0 e^{-\gamma t}$（v_0, γ は定数）で x 軸上を運動する．

(1) この物体に働く力 $F = F(t)$ を求めよ．

(2) 時刻 $t = 0$ から $t = T$ までの間に力 F が物体にする仕事を求めよ．

例題 11　ポテンシャル（重力）

地表からの高さ h の地点から，質量 m の物体を初速度 0 で落下させる．時間 t の後の物体の運動エネルギー $K(t)$ と重力のポテンシャル $U(t)$ を求め，その和が一定であることを確かめよ．

考え方

物体の地表からの高さを $z(t)$ として，運動エネルギーは $K = \frac{1}{2}m\dot{z}^2$，重力のポテンシャルは $U = mgz$ で与えられる．運動方程式を解いて求めた $z(t)$ をこれらに代入すればよい．

解答

物体の地表からの高さを $z(t)$ として，運動方程式は $m\ddot{z} = -mg$．$t = 0$ における初期条件 $z = h$, $\dot{z} = 0$ を満たす解は $z(t) = h - \frac{1}{2}gt^2$．速度は $\dot{z}(t) = -gt$．運動エネルギーは $K(t) = \frac{1}{2}m\dot{z}^2 = \frac{1}{2}mg^2t^2$．重力のポテンシャルは $U(t) = mgz = mgh - \frac{1}{2}mg^2t^2$．それらの和は $K + U = mgh$ となり一定である．

ワンポイント解説

・ポテンシャルには任意の定数を加えてもよい．

例題 11 の発展問題

11-1. 電荷 q を帯びた粒子を一様な電場 E の中に置く．電場に沿って x 軸をとり，電場による力のポテンシャル $U(x)$ を求めよ．

11-2. 質量 m の雨滴が速度に比例する抵抗力 $-Rv$ を受けて鉛直に落下する．時刻 $t = 0$ から $t = T$ までに抵抗力が雨滴にする仕事 W を求め，W が雨滴の力学的エネルギーの変化に等しいことを確かめよ．時刻 $t = 0$ での雨滴の速度は 0 とする．

例題 12　ポテンシャル（バネ）

水平でなめらかな床の上で，バネ定数 k のバネによって壁につながれた質量 m のおもりが振動する．つりあいの位置を $x=0$ としてバネが伸びる向きに x 軸をとる．おもりを $x=A\ (>0)$ の位置まで引いて時刻 $t=0$ にそっと手放した．その後の時刻 t におけるおもりの運動エネルギー $K(t)$ とバネのポテンシャル $U(t)$ を求め，全エネルギー $E=K+U$ が一定であることを確かめよ．

考え方

運動エネルギーは $K=\frac{1}{2}m\dot{x}^2$，バネの力のポテンシャルは $U=\frac{1}{2}kx^2$ である．運動方程式を解いて求めた $x(t)$ をこれらに代入すればよい．

‖解答‖

運動方程式は $m\ddot{x}=-kx$ であり，おもりは固有振動数 $\omega=\sqrt{k/m}$ の単振動を行う．初期条件 $x(0)=A$, $\dot{x}(0)=0$ を満たす解は $x(t)=A\cos\omega t$，速度は $\dot{x}(t)=-A\omega\sin\omega t$. 運動エネルギーは

$$K=\frac{1}{2}m\dot{x}^2=\frac{mA^2\omega^2}{2}\sin^2\omega t=\frac{kA^2}{2}\sin^2\omega t,$$

バネの力のポテンシャルは

$$U=\frac{1}{2}kx^2=\frac{kA^2}{2}\cos^2\omega t$$

なので，全エネルギーは $E=K+U=\frac{1}{2}kA^2$ で時間によらず一定となる．次のグラフは運動エネルギーの時間変化を示したものであり，グレーの部分がポテンシャル $U(t)=\frac{1}{2}kA^2-K(t)$ を表している．

ワンポイント解説

・ポテンシャルの基準点を $x=0$ とする．

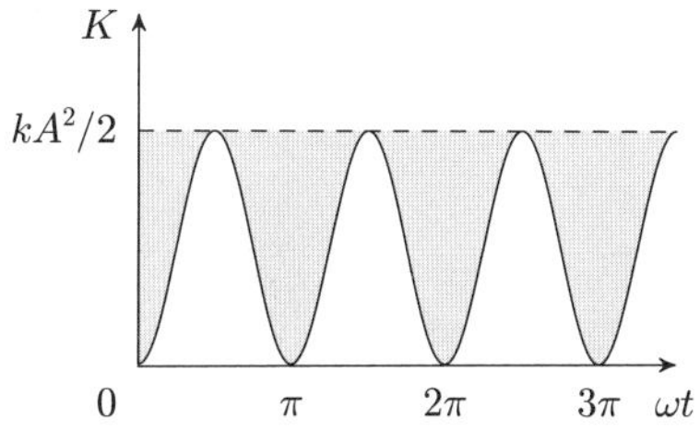

例題 12 の発展問題

12-1. バネ定数 k のバネにつながれた質量 m の小球を天井の支点から鉛直に吊り下げる.

(1) バネの伸びを x として，重力とバネの力のポテンシャル $U(x)$ を求め，そのグラフを描け.

(2) 時刻 $t = 0$ に，つりあいの位置にある小球に鉛直下向きの初速度 v_0 を与えた．その後，小球の速度が $v_0/2$ になる位置をエネルギー保存則を用いて求めよ.

12-2. 水平でなめらかな床の上でバネ定数 k のバネにつながれた質量 m の台車に外力 $F(t) = F_0 \sin \omega_0 t$ を与えて運動させる．ただしバネの伸びを x とし，外力は x 軸に沿って働くとする．また台車は速度に比例する抵抗力 $-Rv$ を受けるとする.

(1) 運動方程式を用いて，台車の力学的エネルギーの変化が，抵抗力および外力のする仕事の和に等しいことを示せ.

(2) 十分に時間が経った後の台車の位置は $x(t) = A \sin(\omega_0 t - \delta)$（$A, \delta$ は正の定数）と書ける．振動の位置周期 $T\,(= 2\pi/\omega_0)$ の間に抵抗力と外力がする仕事 W_R, W_F をそれぞれ求め，それらの間に成り立つ関係を述べよ.

重要度
★★★★

6　ベクトルによる運動の記述

《 内容のまとめ 》

3 次元空間での質点の運動は，xyz 空間における質点の座標を成分とする位置ベクトル

$$\boldsymbol{r} = (x, y, z) \tag{6.1}$$

の時間変化によって表される．時刻 t における質点の速度ベクトルは，位置ベクトルの時間変化率として

$$\boldsymbol{v}(t) = \frac{d\boldsymbol{r}}{dt} = \lim_{\Delta t \to 0} \frac{\boldsymbol{r}(t+\Delta t) - \boldsymbol{r}(t)}{\Delta t} \tag{6.2}$$

と定義できる．これは，各座標の時間変化率 $v_x = dx/dt$, $v_y = dy/dt$, $v_z = dz/dt$ を成分とするベクトルである：

$$\boldsymbol{v} = (v_x, v_y, v_z) \tag{6.3}$$

速度ベクトルは，質点の軌跡の接線に平行である．このことを見るため，微小時間 Δt での位置ベクトルの変化（変位）$\Delta\boldsymbol{r}$ を下図に示す．

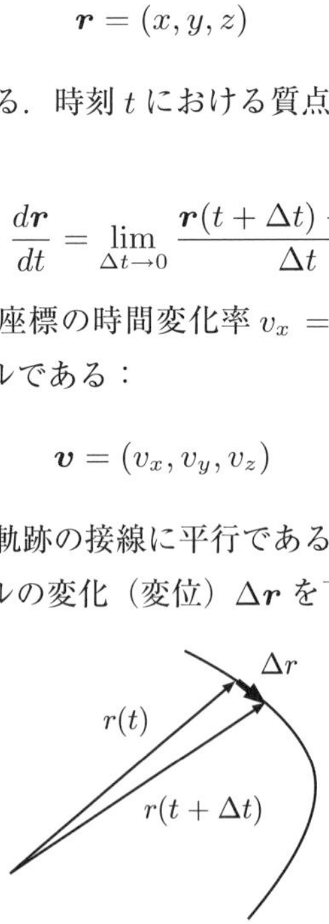

時刻 t から $t+\Delta t$ までの軌跡は，Δt を小さくしていくと時刻 t での軌跡の接線に近づいていくことがわかるだろう．

時刻 t での質点の加速度ベクトルは，

$$\boldsymbol{a}(t)=\frac{d\boldsymbol{v}}{dt}=\lim_{\Delta t\to 0}\frac{\boldsymbol{v}(t+\Delta t)-\boldsymbol{v}(t)}{\Delta t} \tag{6.4}$$

で定義される．

質点に働く力もまた，大きさと向きをもつ量であるので，ベクトル

$$\boldsymbol{F}=(F_x,F_y,F_z) \tag{6.5}$$

で表される．質点の運動方程式は

$$m\boldsymbol{a}=\boldsymbol{F} \tag{6.6}$$

となる．

物体に複数の力 $\boldsymbol{F}_1$，$\boldsymbol{F}_2$，...，$\boldsymbol{F}_n$ が働いているとき，物体の運動はそれらを足した力（合力）

$$\boldsymbol{F}=\boldsymbol{F}_1+\boldsymbol{F}_2+\cdots\boldsymbol{F}_n \tag{6.7}$$

で決まる（下図参照）．特に，物体が静止しているか一定の速度で運動している場合は，$\boldsymbol{a}=\boldsymbol{0}$ であるから，運動方程式より

$$\boldsymbol{F}_1+\boldsymbol{F}_2+\cdots\boldsymbol{F}_n=\boldsymbol{0} \tag{6.8}$$

が成り立つ．これは力のつりあいを表す式である．右辺の $\boldsymbol{0}$ は零ベクトル $(0,0,0)$ を意味する．

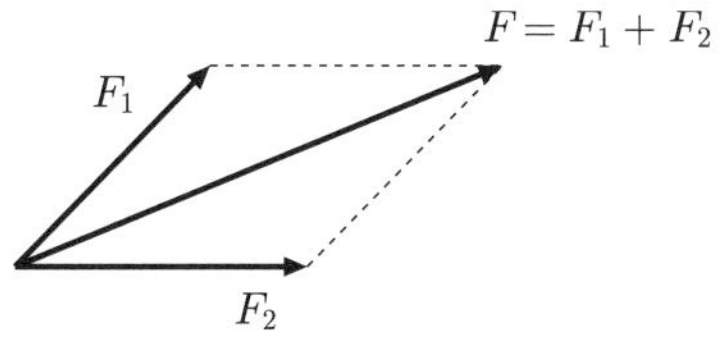

なお，以上では 3 次元空間での運動を考えたが，物体が平面上で運動する場合は位置，速度，加速度，力は 2 次元ベクトルとして扱ってよい．

例題 13　等速円運動

xy 平面上の原点を中心とする半径 R の円上を一定の速さ v_0 で粒子が運動する．時刻 $t = 0$ に粒子は位置 $\boldsymbol{r}(0) = (R, 0)$ にあったとする．

(1) この粒子の位置 $\boldsymbol{r}(t)$，速度 $\boldsymbol{v}(t)$，加速度 $\boldsymbol{a}(t)$ を求め，ある時刻におけるこれらのベクトルを図に示せ．

(2) 各時刻において粒子に働く力の大きさと向きを求めよ．

考え方

質点が一定の速さで円上を運動するとき，原点のまわりの回転角 ϕ は時間に比例して変化する．したがって角速度 $\omega = d\phi/dt$ は一定である．このような運動を等速円運動という．回転角は x 軸を基準として反時計回りを正として測る．したがって回転角が ϕ のときの粒子の位置ベクトルは $\boldsymbol{r} = (R\cos\phi, R\sin\phi)$ となる．位置ベクトルを時間で微分すると速度ベクトル，もう一度微分すると加速度ベクトルが得られる．微分の計算は成分ごとに行えばよい．

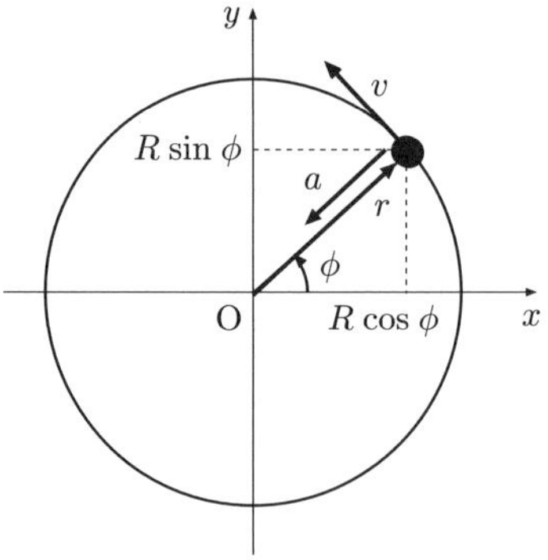

‖解答‖

(1) x 軸から測った粒子の回転角を上図のように ϕ とおくと，時刻 t までに動いた距離は $R\phi = v_0 t$ なので $\phi = v_0 t/R$．したがって角速度は $\omega = \dot{\phi} = v_0/R$ であり，$\phi = \omega t$ と書ける．位置ベクトルは

ワンポイント解説

・回転角は反時計回りを正とし，1 周ごとに 2π 増える．

$$\boldsymbol{r}(t) = (R\cos\omega t, R\sin\omega t).$$

速度ベクトルは

$$\boldsymbol{v}(t) = \dot{\boldsymbol{r}}(t) = (-R\omega\sin\omega t, R\omega\cos\omega t)$$

で位置ベクトルと垂直（$\boldsymbol{v}\cdot\boldsymbol{r} = 0$），円軌道に接する向きである．加速度ベクトルは

$$\boldsymbol{a}(t) = \dot{\boldsymbol{v}}(t) = (-R\omega^2\cos\omega t, -R\omega^2\sin\omega t).$$

で位置ベクトルと逆向きとなる（$\boldsymbol{a} = -\omega^2\boldsymbol{r}$）.

(2) 粒子に働く力は

$$\boldsymbol{F} = m\boldsymbol{a} = -m\omega^2\boldsymbol{r} = -\frac{mv_0^2}{R}(\cos\omega t, \sin\omega t).$$

よって向きは粒子から円の中心に向かう向き（向心力）で，大きさは $|\boldsymbol{F}| = mv_0^2/R$ となる．

向心力の物理的実体は，例えば糸に取り付けたおもりを振り回す場合は糸の張力，太陽のまわりを回る惑星の場合は万有引力である．

例題 13 の発展問題

13-1. xyz 空間において質点の位置ベクトルが次の式で与えられるとき，質点はどのような軌跡を描くか．また，それぞれの運動について時刻 t における速度ベクトル，加速度ベクトルの大きさと向きを求めよ．ただし R, ω, v_0 は正の定数とする．

(1) $\boldsymbol{r}(t) = (2R\cos\omega t, R\sin\omega t, 0)$

(2) $\boldsymbol{r}(t) = (R\cos\omega t, R\sin\omega t, v_0 t)$

例題 14　放物運動

地表から速さ v_0，水平方向に対して角度 θ で質量 m のボールを投げ上げた．ボールを投げた地点を原点として水平方向に x 軸，鉛直上向きに y 軸をとり，運動は xy 平面内で起こるものとする．

(1) この粒子の運動方程式を成分ごとに書き下せ．

(2) 運動方程式を解いてボールの速度 $\boldsymbol{v}(t)$ および位置 $\boldsymbol{r}(t)$ を求め，ボールの軌跡は放物線となることを示せ．

(3) 水平到達距離 ℓ（ボールが地表に落下する地点の x 座標）を θ の関数として求めよ．また，θ を $0^\circ \leq \theta \leq 90^\circ$ の範囲でさまざまに変えるとき，ℓ が最大となる θ の値およびそのときの ℓ の値を求めよ．

考え方

ボールに働く力のベクトルの x, y 成分を求める．運動方程式は（質量）×(加速度の各成分)=(力の各成分）の形となる．この問題では運動方程式の各成分は独立なので，1 次元運動の場合と同様にして解 $x(t), y(t)$ を求めることができる．ボールの軌跡は $x(t), y(t)$ の関係から t を消去することで $y = f(x)$ の形に求められる．

‖解答‖

(1) ボールにはたらく重力の成分は $(0, -mg)$ なので運動方程式の x 成分は

$$m\ddot{x} = 0,$$

y 成分は

$$m\ddot{y} = -mg.$$

(2) 時刻 $t = 0$ での位置は $\boldsymbol{r}(0) = (0, 0)$，速度は $\boldsymbol{v}(0) = (v_0 \cos\theta, v_0 \sin\theta)$．運動方程式の x 成分から，$x(0) = 0$，$v_x(0) = v_0 \cos\theta$ を満たす解は

$$v_x(t) = v_0 \cos\theta, \quad x(t) = v_0 \cos\theta \cdot t.$$

ワンポイント解説

$x(t)$ の式で cos の引数を明らかにするため θ と t の間に · を入れた．以下同様．

一方 y 成分は加速度 $-g$ の等加速度運動となり

$$v_y(t) = v_0 \sin\theta - gt, \quad y(t) = v_0 \sin\theta \cdot t - \frac{1}{2}gt^2.$$

よって

$$\begin{aligned} \boldsymbol{v}(t) &= (v_0 \cos\theta,\, v_0 \sin\theta - gt), \\ \boldsymbol{r}(t) &= \left(v_0 \cos\theta \cdot t,\, v_0 \sin\theta \cdot t - \frac{1}{2}gt^2\right). \end{aligned}$$

時刻 t を消去するため $t = x/(v_0 \cos\theta)$ を $y(t)$ の式に代入すると軌跡の式

・t は x の関数として表す方が y の関数として表すより容易である.

$$y = \tan\theta \cdot x - \frac{g}{2v_0^2 \cos^2\theta} \cdot x^2$$

が得られる. これは下図のような放物線を表す.

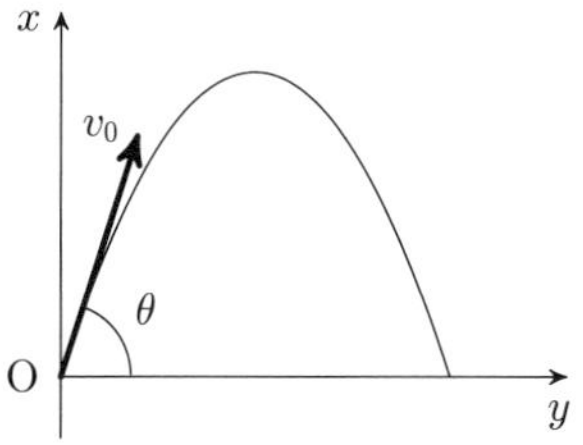

(3) 軌跡の式は

$$y = \tan\theta \left(1 - \frac{gx}{v_0^2 \sin 2\theta}\right) x$$

と表せるので, $y = 0$ となるのは $x = 0$ および

$$x = \ell(\theta) = \frac{v_0^2}{g} \sin 2\theta.$$

・$\sin 2\theta = 2\sin\theta\cos\theta$ を使った.

ℓ が最大になるような θ は

$$\ell'(\theta) = \frac{2v_0^2}{g} \cos 2\theta = 0$$

より $\theta = \pi/4 = 45^\circ$ となる. 最大水平到達距離は $\ell(\pi/4) = v_0^2/g$.

例題 14 の発展問題

14-1. xy 平面上を運動する質量 m の質点がある．座標 $\boldsymbol{r} = (x, y)$ にあるとき質点に働く力は $\boldsymbol{F} = (-k_x x, -k_y y)$（$k_1, k_2$ は正の定数）で与えられる．以下のそれぞれの場合について質点の位置 $\boldsymbol{r}(t)$ を求め，その軌跡を図示せよ．ただし以下で k, A, v_0 は正の定数とする．

(1) $k_x = k_y = k$. 初期条件は $\boldsymbol{r}(0) = (A, 2A)$, $\dot{\boldsymbol{r}}(0) = (0, 0)$.

(2) $k_x = k_y = k$. 初期条件は $\boldsymbol{r}(0) = (A, 0)$, $\dot{\boldsymbol{r}}(0) = (0, v_0)$.

(3) $k_x = 4k, k_y = k$. 初期条件は $\boldsymbol{r}(0) = (A, 0)$, $\dot{\boldsymbol{r}}(0) = (0, v_0)$.

例題 15　力の合成

質量 m のおもりにバネ定数 k，自然長 ℓ のバネを取り付けて吊り下げる．水平方向に x 軸，鉛直上向きに y 軸をとる．以下のそれぞれの場合に，おもりに働くそれぞれの力を成分で表し，それらの合力 $\boldsymbol{F} = (F_x, F_y)$ を求めよ．

(1) 支点から鉛直に吊り下げられた 1 本のバネの先端におもりが付けられている場合．バネの伸びを $\Delta\ell$ とする．

(2) 水平な天井の 2 つの支点から吊り下げられた 2 本のバネの先端におもりが吊り下げられている場合．2 つの支点の間の距離を ℓ，それぞれのバネの伸びを $\Delta\ell$ とする．

考え方

それぞれの力のベクトルの x, y 成分を求めて加え合わせる．重力は y 軸の負の向きだから，その成分は $(0, -mg)$ である．バネの復元力の大きさは $k\Delta\ell$ である．(2) では，それぞれのバネが鉛直線となす角度を θ とおくとよい．

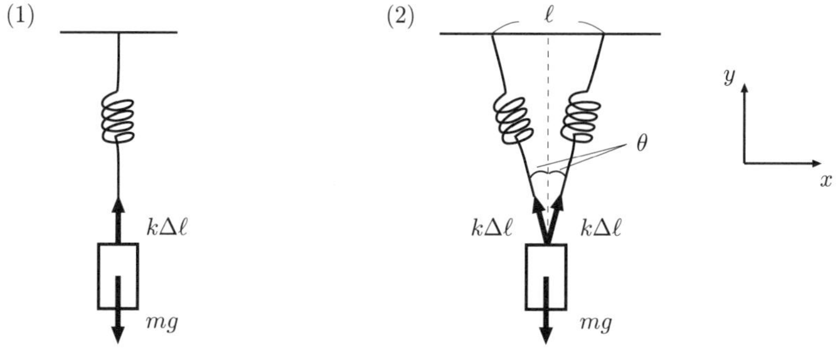

解答

(1) バネの復元力は $(0, k\Delta\ell)$，重力は $(0, -mg)$ だから，

$$\boldsymbol{F} = (0, k\Delta\ell - mg).$$

(2) 上図の右のバネの復元力は $(k\Delta\ell\sin\theta, k\Delta\ell\cos\theta)$，

ワンポイント解説

・復元力はバネに平行でバネを縮める向き．

左のバネの復元力は $(-k\Delta\ell\sin\theta, k\Delta\ell\cos\theta)$ であり，おもりに働く重力は $(0, -mg)$ だから，それらの合力は $\boldsymbol{F} = (0, 2k\Delta\ell\cos\theta - mg)$．また $(\ell + \Delta\ell)\sin\theta = \ell/2$ の関係があるので，$\cos\theta = \sqrt{1 - [\ell/2(\ell + \Delta\ell)]^2}$．したがって

$$\boldsymbol{F} = \left(0, 2k\Delta\ell\sqrt{1 - \left[\frac{\ell}{2(\ell + \Delta\ell)}\right]^2} - mg\right).$$

例題 15 の発展問題

15-1. 一辺 ℓ の正方形 ABCD の各頂点に，それぞれ電荷 q をもつ粒子が置かれている．このとき各粒子に働くクーロン力の向きと大きさを求めよ．

15-2. 質量 m のボールが速度に比例する抵抗力 $-R\boldsymbol{v}$ を受けて空気中を運動する．地表から初速 v_0 で水平方向に対して斜め上に角度 θ でボールを打ち出した．その後の運動を求めよ．

重要度
★★★★

7　仕事とポテンシャル

《内容のまとめ》

5章では1次元での運動に対して仕事やポテンシャルを定義した．2次元，3次元の運動ではこれらの概念はどのように拡張されるのだろうか．質量 m の質点が速度 $\boldsymbol{v}$ で運動しているとき，質点の運動エネルギーは1次元の場合と同様，

$$K = \frac{1}{2}mv^2 \tag{7.1}$$

で定義される．運動エネルギーの時間変化率は，$v^2 = \boldsymbol{v}\cdot\boldsymbol{v}$ と運動方程式 $m\dot{\boldsymbol{v}} = \boldsymbol{F}$ を用いて

$$\frac{dK}{dt} = m\dot{\boldsymbol{v}}\cdot\boldsymbol{v} = \boldsymbol{F}\cdot\boldsymbol{v} \tag{7.2}$$

と計算できる．ここで $\boldsymbol{F}\cdot\boldsymbol{v} = F_x v_x + F_y v_y + F_z v_z$ は $\boldsymbol{F}$ と $\boldsymbol{v}$ の内積である．この式を時間 $t_1 < t < t_2$ で積分すると

$$K(t_2) - K(t_1) = \int_{t_1}^{t_2} \boldsymbol{F}\cdot\boldsymbol{v}\,dt = \int_C \boldsymbol{F}\cdot d\boldsymbol{r} \tag{7.3}$$

となる．最後の式では $\boldsymbol{v} = d\boldsymbol{r}/dt$ を用いて積分変数を t から $\boldsymbol{r}$ に変換した．また C は物体の運動した経路であり，$\boldsymbol{r}_1 = \boldsymbol{r}(t_1)$ と $\boldsymbol{r}_2 = \boldsymbol{r}(t_2)$ を結ぶ曲線である．右辺に現れた量

$$W = \int_C \boldsymbol{F}\cdot d\boldsymbol{r} = \int_C (F_x dx + F_y dy + F_z dz) \tag{7.4}$$

を力 F が質点にした**仕事**とよぶ．関係式 (7.3) は，運動エネルギーの変化 $\Delta K = K(t_2) - K(t_1)$ は質点が受けた仕事に等しいことを意味する：

$$\Delta K = W \tag{7.5}$$

式 (7.4) のような曲線に沿っての積分を，**線積分**という．

x, y, z の関数 $U(x,y,z)$ に対して，x のみを変化させたときの U の変化率

$$\frac{\partial U}{\partial x} = \lim_{\Delta x \to 0} \frac{U(x+\Delta x, y, z) - U(x,y,z)}{\Delta x}$$

を関数 U の x による**偏微分**とよぶ．$\frac{\partial U}{\partial y}$, $\frac{\partial U}{\partial z}$ も同様に定義される．また，これらを成分とするベクトルを

$$\nabla U = \left(\frac{\partial U}{\partial x}, \frac{\partial U}{\partial y}, \frac{\partial U}{\partial z}\right)$$

と表す．∇（ナブラ）は関数 U に作用する微分演算子である．

質点が受ける力 F が質点の位置 $\boldsymbol{r}$ の関数であり，かつ

$$\boldsymbol{F}(\boldsymbol{r}) = -\nabla U = \left(-\frac{\partial U}{\partial x}, -\frac{\partial U}{\partial y}, -\frac{\partial U}{\partial z}\right) \tag{7.6}$$

と表せるとき，力 $\boldsymbol{F}$ は**保存力**であるといい，関数 $U(\boldsymbol{r})$ を力 $\boldsymbol{F}$ の**ポテンシャル**とよぶ．また，$\boldsymbol{F} = \boldsymbol{0}$ となる点すなわち $U(\boldsymbol{r})$ の停留点を，このポテンシャルの**平衡点**とよぶ．この力が質点にする仕事は

$$W = \int_C (-\nabla U) \cdot d\boldsymbol{r} = U(\boldsymbol{r}_1) - U(\boldsymbol{r}_2) = -\Delta U \tag{7.7}$$

であり，ポテンシャルの変化 $\Delta U = U(\boldsymbol{r}_2) - U(\boldsymbol{r}_1)$ の符号を変えたものとなる．これと式 (7.5) から $\Delta K = -\Delta U$ となるので，保存力のみを受けて運動する質点の力学的エネルギーが保存すること，すなわち

$$E = K + U = (一定) \tag{7.8}$$

がわかる．保存力の例としては 5 章で挙げた一様な重力やバネの弾性力の他に，万有引力やクーロン力がある．質量 m の質点が原点にある質量 M の質点から受ける万有引力のポテンシャルは

$$U = -\frac{GMm}{r}$$

で与えられる．実際，このポテンシャルから力を計算すると

$$\boldsymbol{F} = -\nabla U = \left(-\frac{GMmx}{r^3}, -\frac{GMmy}{r^3}, -\frac{GMmz}{r^3}\right) = -\frac{GMm\boldsymbol{r}}{r^3}$$

であり，原点を向いた大きさ GMm/r^2 の万有引力となる．

例題 16　仕事

xy 平面上を運動する質点に対して以下の力 $\boldsymbol{F}$ がする仕事 W を線積分により求めよ．質点の経路 C は以下のそれぞれとする．またポテンシャル U を求め，$W=-\Delta U$ が成り立つことを確認せよ．

(1) $\boldsymbol{F}=(0,-mg)$．$C:(2\ell s,\ell s),\ 0<s<1$

(2) $\boldsymbol{F}=(-kx,0)$．$C:(\ell(1-s),\ell s),\ 0<s<1.$

(3) $\boldsymbol{F}=(-kx,0)$．$C:(\ell\cos\theta,\ell\sin\theta),\ 0<\theta<\pi/2$

考え方

物体の位置がパラメータ s を用いて $\boldsymbol{r}(s)=(x(s),y(s),z(s))$ $(s_1<s<s_2)$ の形で与えられていて，力 $\boldsymbol{F}$ も s の関数として表せるとき，仕事 (7.4) は

$$\boldsymbol{F}\cdot d\boldsymbol{r}=\left(\boldsymbol{F}\cdot\frac{d\boldsymbol{r}}{ds}\right)ds=\left[F_x(s)x'(s)+F_y(s)y'(s)+F_z(s)z'(s)\right]ds$$

と変形することにより，s についての積分として計算できる（いまは xy 平面上の運動を考えるので z 成分は考える必要がない）．

‖解答‖

(1) $\boldsymbol{r}=(2\ell s,\ell s)$ より $d\boldsymbol{r}=(2\ell ds,\ell ds)$，$\boldsymbol{F}\cdot d\boldsymbol{r}=-mg\ell ds$.

$$W=\int_0^1(-mg\ell)ds=-mg\ell.$$

経路上の 3 点での力のベクトルを下図に示す．

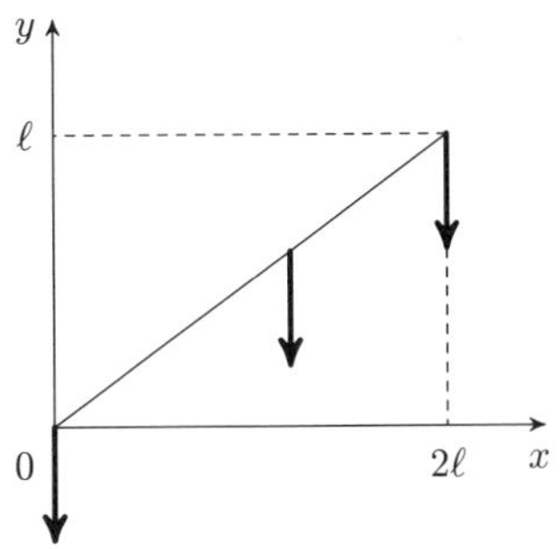

ワンポイント解説

・斜めに張ったロープに沿って荷物を移動させる状況に相当する．図を描いて考えよう．

ポテンシャルは $U = mgy = mg\ell s$ であるから

$$\Delta U = [mg\ell s]_0^1 = mg\ell$$

となり，$W = -\Delta U$.

(2) $\boldsymbol{F} = (-k\ell s, 0)$, $d\boldsymbol{r} = (-\ell ds, \ell ds)$ より $\boldsymbol{F} \cdot d\boldsymbol{r} = k\ell^2 sds$.

$$W = k\ell^2 \int_0^1 sds = \frac{k\ell^2}{2}.$$

経路上の 3 点での力のベクトルを下図に示す.

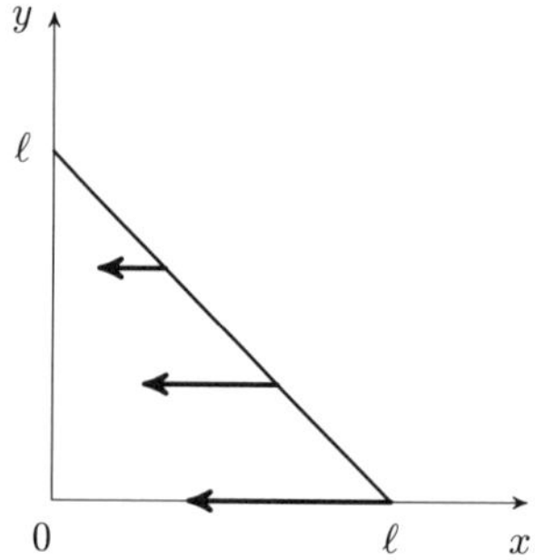

一方，$U = kx^2/2 = k\ell^2(1-s)^2/2$ だから

$$\Delta U = \left[\frac{k}{2}\ell^2(1-s)^2\right]_0^1 = -\frac{k\ell^2}{2} = -W.$$

(3) $\boldsymbol{F} = (-k\ell\cos\theta, 0)$, $d\boldsymbol{r} = (-\ell\sin\theta d\theta, \ell\cos\theta d\theta)$ より $\boldsymbol{F} \cdot d\boldsymbol{r} = (k\ell^2/2)\sin(2\theta)d\theta$.

$$W = \frac{k\ell^2}{2}\int_0^{\pi/2} \sin(2\theta)d\theta = \frac{k\ell^2}{2}.$$

経路上の 3 点での力のベクトルを次ページの図に示す.

・経路の支点と終点は (2) と同じであり，保存力なので W は等しい.

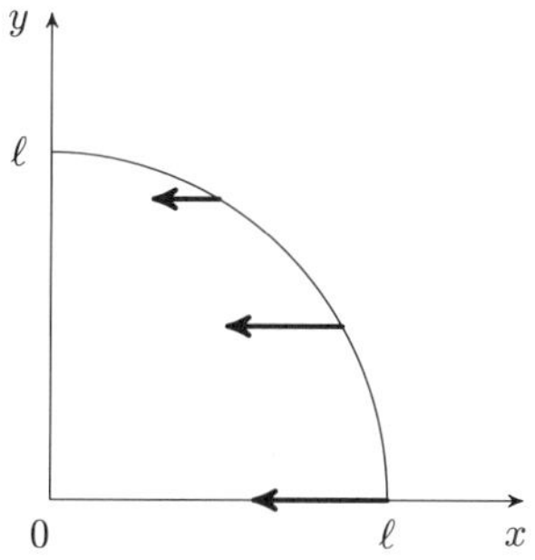

一方，$U = kx^2/2 = (k/2)\ell^2\cos^2\theta$ だから

$$\Delta U = \left[\frac{k}{2}\ell^2\cos^2\theta\right]_0^{\pi/2} = -\frac{k\ell^2}{2} = -W.$$

例題 16 の発展問題

16-1. 電荷 Q を帯びた小球が座標原点に固定されている．電荷 q をもつ粒子を xy 平面上で以下のように動かすとき，小球から受けるクーロン力が粒子にする仕事を，積分を用いて計算せよ．ただし A は正の定数とする．

(1) x 軸に沿って $(A, 0)$ から $(2A, 0)$ に移動．

(2) 直線 $x = A$ に沿って $(A, -A)$ から (A, A) に移動．

(3) 原点を中心とする半径 $\sqrt{2}A$ の円に沿って $(A, -A)$ から (A, A) に時計回りに移動．

16-2. 速度に比例する抵抗力 $\boldsymbol{F} = -R\boldsymbol{v}$ を受けて運動する粒子がある．

(1) 時刻 $t = 0$ から $t = T$ までに抵抗力が粒子にする仕事は $W = -\int_0^T Rv^2 dt$ となることを示せ．

(2) 時刻 t における粒子の位置が $\boldsymbol{r} = (v_0 t, 0, -gt^2/2)$ で与えられるとき，時刻 $t = 0$ から $t = T$ までに抵抗力が粒子にする仕事 W を求めよ．

例題 17 ポテンシャル

以下のポテンシャルによる力を求め，xy 平面上におけるポテンシャルの等高線と，各点での力のベクトルを描け．ただし C, k は正の定数とする．

(1) $U(x,y,z) = C(x^2 + 2y^2 + 3z^2)$

(2) $U(x,y,z) = C\sin k(x+y)$

(3) $U(x,y,z) = \dfrac{C}{r} \quad (r = \sqrt{x^2+y^2+z^2})$

考え方

力は $\boldsymbol{F} = -\nabla U = \left(-\frac{\partial U}{\partial x}, -\frac{\partial U}{\partial y}, -\frac{\partial U}{\partial z}\right)$ で与えられる．ポテンシャルの等高線とは $U = U_0 + n\Delta U$ (U_0, ΔU は定数，n は整数) となる曲線群のことである．U_0, ΔU の値は適当でよいが，ポテンシャルの変化の様子がわかるよう等高線は 3 本以上描く必要がある．xy 平面上の各点における力のベクトルは等高線と垂直になる．このことは，等高線に沿った微小変位 (dx, dy) に対するポテンシャルの微小変化 dU が $0 = dU = \frac{\partial U}{\partial x}dx + \frac{\partial U}{\partial y}dy = -F_x dx - F_y dy$ を満たすことからわかる（なお，3 次元では等高線ではなく等高面となる．力のベクトルが等高面と垂直になることは同様にしてわかる）．

‖解答‖

(1) $\boldsymbol{F} = -\nabla U = (-2Cx, -4Cy, -6Cz)$. xy 平面上 ($z=0$) でのポテンシャルの等高線は $x^2 + 2y^2 = \text{const.}$ すなわち楕円となる．

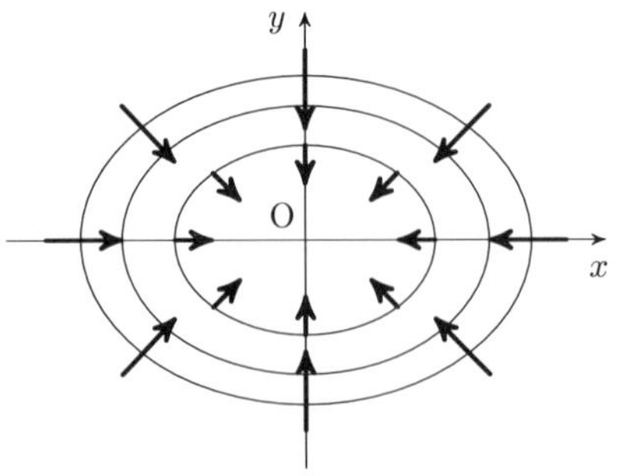

ワンポイント解説

・$\partial U/\partial x$ を求めるとき y, z は定数とみなす．

・力のベクトルは各点で等高線に垂直になることを確認する．

(2) $\boldsymbol{F} = -\nabla U = (-Ck\cos k(x+y), -Ck\cos k(x+y))$.
ポテンシャルの等高線は直線 $x+y=\text{const.}$ となる.

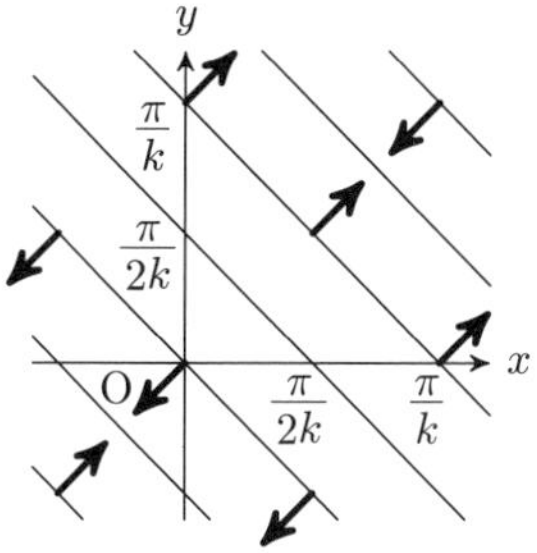

(3) $r=\sqrt{x^2+y^2+z^2}$ より $\partial r/\partial x = x/\sqrt{x^2+y^2+z^2} = x/r$.

$$F_x = -\frac{\partial U}{\partial x} = -\frac{\partial r}{\partial x}\frac{dU}{dr} = \frac{x}{r}\cdot\frac{C}{r^2} = \frac{Cx}{r^3}.$$

同様に y, z 成分も計算できて,

$$\boldsymbol{F} = \left(\frac{Cx}{r^3}, \frac{Cy}{r^3}, \frac{Cz}{r^3}\right) = \frac{C\boldsymbol{r}}{r^3}.$$

等高線は原点を中心とする円となる.

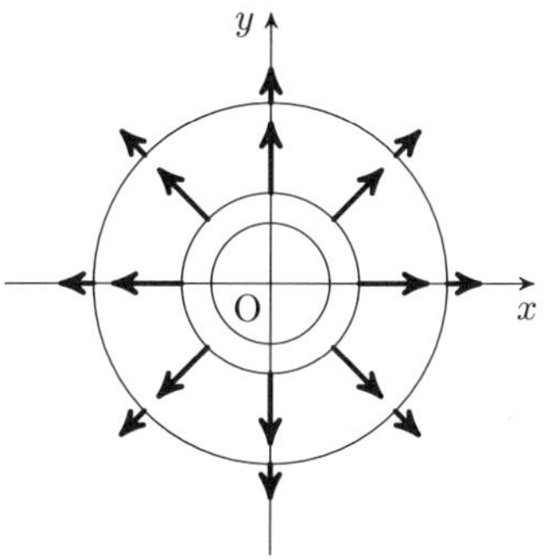

・$\partial r/\partial x = x/r$ はよく使うので覚えよう.

例題 17 の発展問題

17-1. バネ定数 k，自然長 ℓ の 2 本のバネによって左右の壁とつながれた小さなおもりが，水平でなめらかな床の上を運動する．床に沿って xy 平面をとり，左右の壁の位置を $x = \pm d$ とし，2 本のバネは壁上の点 P: $(d, 0)$, Q: $(-d, 0)$ につながれており，水平を保っているとする．

(1) おもりの位置を (x, y) として，おもりがバネから受ける力のポテンシャル $U(x, y)$ を求めよ．

(2) $\ell < d$ の場合について，ポテンシャルの平衡点 (x_0, y_0) を求めよ．

(3) $\ell < d$ の場合について，ポテンシャルを平衡点からの変位 $\delta x = x - x_0$, $\delta y = y - y_0$ の 2 次まで展開し，その結果を用いて平衡点の近くでのおもりの運動を求めよ．

(4) $\ell > d$ の場合について，ポテンシャルの平衡点（2 つある）を求めよ．

(5) $\ell > d$ の場合について，ポテンシャルの平衡点の 1 つにあったおもりに初速度 $\boldsymbol{v}_0 = (0, v_0)$ を与えた．このおもりがもう 1 つの平衡点に達するための v_0 の条件を求めよ．

17-2. 等しい質量 M をもつ恒星 1，2 からなる連星のまわりに質量 m の粒子がある．粒子は 2 つの恒星を含む平面上で運動するものとし，この平面を xy 平面として，恒星 1 の位置を $\boldsymbol{R} = (R, 0)$，恒星 2 の位置を $-\boldsymbol{R} = (-R, 0)$，粒子の位置を $\boldsymbol{r} = (x, y)$ とする．粒子は各恒星から遠く離れているため恒星は質点とみなせるとする．

(1) 粒子が受ける万有引力のポテンシャル $U(x, y)$ を求め，xy 平面上にその等高線を描け．

(2) 粒子が位置 $(-R/2, 0)$ から x 軸の正の向きに速さ v_0 で運動を始めた．その後，粒子が点 $(R, 0)$ に達するために必要な速さ v_0 を求めよ．

重要度
★★★★

8　摩擦と束縛運動

《 内容のまとめ 》

水平な床面（平面）上をすべる質量 m の物体の運動を考えよう．この物体に働く力は，重力 mg と床面から受ける力である．床面から受ける力は，床に垂直な成分（**垂直抗力**）$F_\perp$ と床に平行な成分（**摩擦力**）$F_\parallel$ に分けられる．垂直抗力は，物体が床に対して垂直方向にめり込まないよう，重力とつりあっている必要がある：

$$F_\perp = mg$$

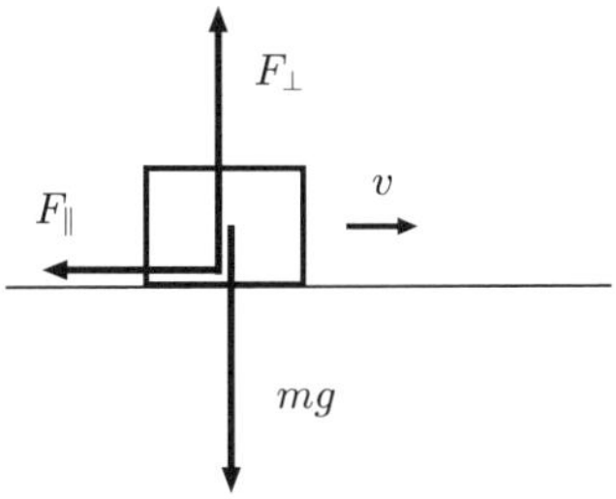

一方，床に平行な摩擦力は，床面にミクロな凹凸があるために生じる力である．床上で静止している物体に力を加えていくと，力がある値より大きくなったとき物体は動き出す．この値 $F_{\max}$ は**最大静止摩擦力**とよばれ，垂直抗力に比例する．この比例係数を**静止摩擦係数**とよび μ で表す：

$$F_\parallel \leq F_{\max} = \mu F_\perp$$

物体が床上をすべっているとき，摩擦力は物体の速度と逆向きに働き，その大きさは垂直抗力に比例する．この力を**動摩擦力**，比例係数を**動摩擦係数**とよび，μ' で表す：

$$F_{\parallel} = \mu' F_{\perp}$$

一般に $\mu > \mu'$ であることが知られている．摩擦力に関するこれらの法則はアモントン・クーロンの法則とよばれ，実験事実に基づいた経験的な法則である．床面が十分になめらかな場合は摩擦力は無視してよい．

質点の運動できる範囲がある曲線または曲面の上に制限されているとき，その運動を**束縛運動**という．床面上の運動や振り子の運動がその例である．拘束運動を考えるときは，物体の運動する曲線（曲面）内に座標系をとり，物体に働く力をその曲線（曲面）に接する方向の成分（接線成分）と，垂直な方向の成分（法線成分）に分けて考える．接線方向の力がわかれば，曲線（曲面）内での運動方程式を解いて物体の運動を求めることができる．垂直な方向の力は**束縛力**とよばれ，運動方程式の法線成分から求めることができる．束縛力の例は，床面上の物体に働く垂直抗力，振り子の場合は振り子の腕に働く張力である．束縛力は物体の運動方向に垂直であるため，物体に対して仕事をしない．

例題 18　摩擦のある水平面上の運動

水平な床の上で質量 m の箱をすべらせる．箱と床の間の静止摩擦係数を μ，動摩擦係数を μ' とする．

(1) 静止している箱を水平方向に力 F を加えて押す．箱が動き出すために必要な最小の F の値を求めよ．

(2) 箱が速さ v_0 で動き出すと同時に押すのをやめた．その後の箱の運動を求めよ．

考え方

静止していた物体は，最大静止摩擦力より大きい力を床と平行に加えると動き出す．垂直抗力が一定だから動摩擦力も一定であり，物体は一定の加速度で減速する．

‖解答‖

(1) 箱には鉛直下向きに重力 mg，それとつりあう鉛直上向きの垂直抗力 $F_\perp$，水平方向の押す力 F，それと逆向きの静止摩擦力 $F_\parallel$ が働く．箱が静止しているとき，水平方向の力もつりあっているから $F = F_\parallel$．動き出さないための条件は

$$F_\parallel \leq \mu F_\perp = \mu mg$$

だから，$F \leq \mu mg$ ならば物体は静止したままである．よって動き出すために必要な最小の力は μmg．

(2) 速度と逆向きに動摩擦力 $F_\parallel = \mu' mg$ が働くから，物体の運動方程式は

$$m\dot{v} = -\mu' mg.$$

よって加速度は $\dot{v} = -\mu' g$ で一定となる．動きだした瞬間の時刻を $t = 0$，位置を $x = 0$ とすると

ワンポイント解説

・静止摩擦力の大きさは水平方向の力のつりあいによって決まる．

・垂直抗力の大きさが一定なので動摩擦力の大きさも一定となる．

$$v = v_0 - \mu' g t,$$

$$x = v_0 t - \frac{\mu' g}{2} t^2$$

となり，静止するまでの時間は $t_0 = v_0/\mu' g$，静止するまでに動く距離は $x_0 = v_0^2/(2\mu' g)$ となる．

例題 18 の発展問題

18-1. 例題 18 の箱に糸をつなぎ，一定の張力 T で糸を斜め上方に引く．糸の水平からの角度を α とする．箱の底面は床に接したままで，静止摩擦係数 μ，動摩擦係数 μ' は一定であるとする．

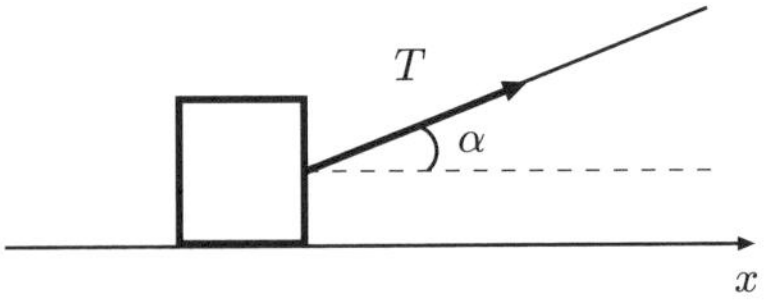

(1) 静止している箱がすべり出すために必要な最小の T の値を求めよ．

(2) 箱がすべり出してからも張力 T，水平からの角度 α で糸を引き続けた．箱の加速度を求めよ．

18-2. 例題 18 の箱をバネ定数 k のバネで壁につなぎ，床に沿って平行かつバネの伸縮する方向に振動させる．バネの伸びる向きに x 軸をとり，バネが自然長にあるときの物体の位置を $x = 0$ とする．箱を引いてバネを伸ばし，$x = x_0$ の位置からそっと手を離した．

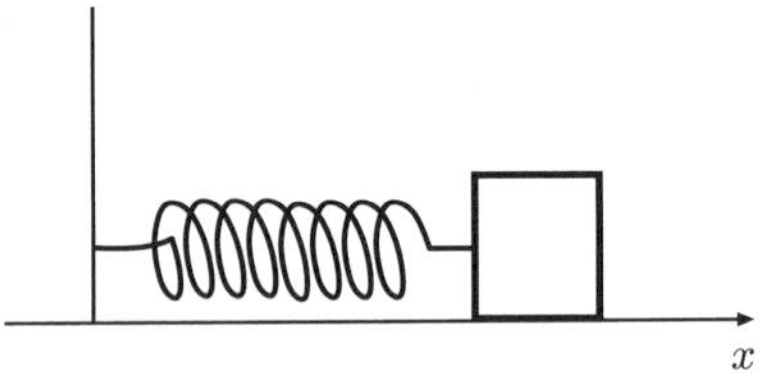

(1) 箱が動き出すために必要な x_0 の最小値 x_m を求めよ．

(2) $x_0 > x_m$ の場合，箱が動き出した時刻を $t = 0$ としてその後の運動を求めよ．

例題 19　斜面上の運動

質量 m の物体が，斜面に沿って下向きにすべり落ちる．斜面の水平に対する傾き角を α，物体と斜面の静止摩擦係数を μ，動摩擦係数を μ' とする．斜面に沿って下向きに x 軸をとる．

(1) 斜面に物体をそっと置くとすべり始めた．このことから μ の値についてわかることを述べよ．

(2) 重力と摩擦力を考えて運動方程式を立て，物体の運動を求めよ．

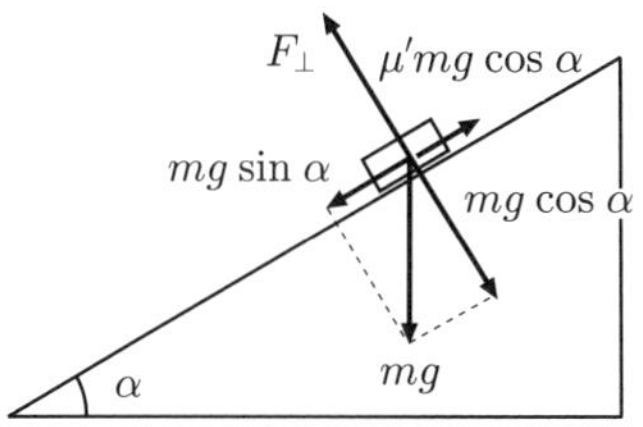

考え方

重力を斜面に平行な成分と垂直な成分に分けて考える．斜面に垂直な成分は垂直抗力とつりあい，垂直抗力から摩擦力の大きさが決まる．物体の運動は，重力の斜面に平行な成分と摩擦力で決まる．

‖解答‖

(1) 重力の斜面に平行な成分は $mg\sin\alpha$，斜面に垂直な成分は $mg\cos\alpha$．垂直抗力は後者とつりあうので大きさは $F_\perp = mg\cos\alpha$．物体がすべり出すには重力の斜面に平行な成分が最大静止摩擦力 $\mu F_\perp = \mu mg\cos\alpha$ を超える必要があるから，

$$mg\sin\alpha > \mu mg\cos\alpha,$$

よって $\mu < \tan\alpha$ である．

(2) 重力および垂直抗力は (1) と同じである．動摩擦力は物体の運動する向きを正として $-\mu' F_\perp = -\mu' mg\cos\alpha$．よって運動方程式は

ワンポイント解説

・斜面と垂直方向には物体は動かないので力もつりあっている．

$$m\ddot{x} = mg\sin\alpha - \mu' mg\cos\alpha = m(\sin\alpha - \mu'\cos\alpha)g.$$

物体は加速度 $a = g(\sin\alpha - \mu'\cos\alpha)$ の等加速度運動を示し，すべりだした時刻を $t = 0$，位置を $x = 0$ とすると速度は

$$v = g(\sin\alpha - \mu'\cos\alpha)t,$$

位置は

$$x = \frac{g}{2}(\sin\alpha - \mu'\cos\alpha)t^2.$$

・$\mu' < \mu < \tan\alpha$ だから加速度は正である．

例題 19 の発展問題

19-1. 例題 19 の斜面において，物体を斜面に沿って上向きに速さ v_0 で打ち出したとき，物体が出発点に戻ってくるまでの時間を求めよ．

19-2. なめらかで摩擦が無視できる斜面上で，物体を斜面に沿って水平方向に速さ v_0 で打ち出した．斜面の水平方向からの傾き角を α，打ち出した点の高さを h とする．打ち出した点を原点として斜面に沿って下向きに x 軸，斜面に沿って水平方向に y 軸をとり，その後の物体の運動の軌跡および，高さ h から 0 まで落下する時間を求めよ．

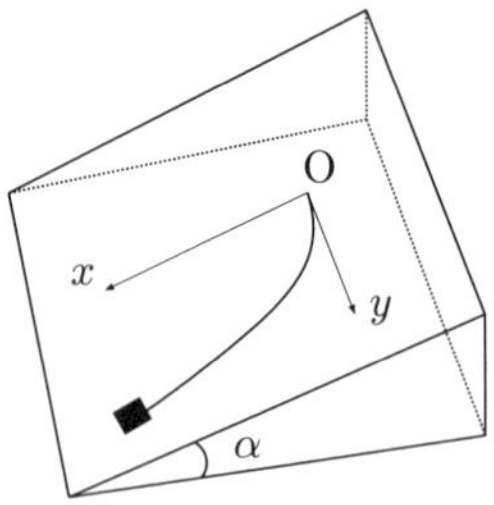

例題 20　単振り子

長さ ℓ の軽い糸の先端に質量 m の小さなおもりを付けた振り子が，支点から吊り下げられており，鉛直面内で振動する．鉛直下方からの振り子の振れ角を反時計回りに θ として以下の問いに答えよ．

(1) 糸の張力を T とし，鉛直方向および水平方向の力を考えて運動方程式を立てよ．

(2) 運動方程式から T を消去して θ についての微分方程式を立てよ．

(3) 振れ角が微小 ($|\theta| \ll 1$) として (2) の微分方程式を θ について 1 次までで近似し，その一般解および振り子の周期 τ を求めよ．

(4) 張力 T を (1) の運動方程式を用いて θ とその時間微分で表し，微小振動の場合の張力の時間変化を求めよ．

考え方

振り子は円軌道を描き，その座標は $\theta = \theta(t)$ の関数となる．xy 座標をとって力を x, y 成分に分解し，糸の張力を T として運動方程式を立てる．運動方程式から張力を消去すると θ についての微分方程式が得られる．

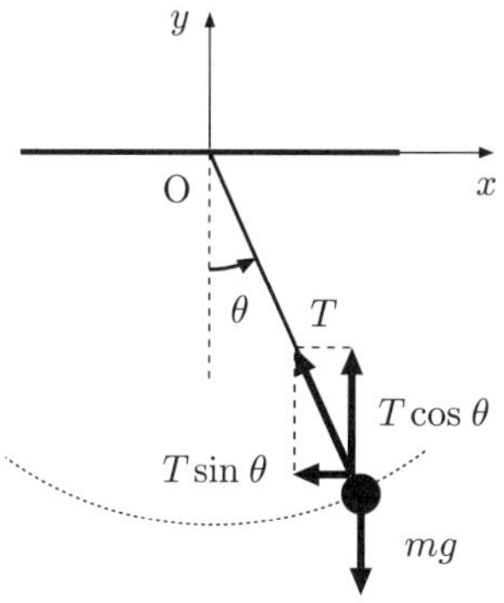

‖解答‖

(1) 上図のように水平に x 軸，鉛直上向きに y 軸をとると，おもりの座標は $(x, y) = (\ell \sin\theta, -\ell\cos\theta)$ となる．座標を時間で微分しておもりの速度は

ワンポイント解説

$$(\dot{x},\dot{y})=(\ell\dot{\theta}\cos\theta,\ell\dot{\theta}\sin\theta),$$

加速度は

$$(\ddot{x},\ddot{y})=(\ell(\ddot{\theta}\cos\theta-\dot{\theta}^2\sin\theta),\ell(\ddot{\theta}\sin\theta+\dot{\theta}^2\cos\theta))$$

となる．糸の張力を T とすると，おもりに働く力の x 成分は $-T\sin\theta$, y 成分は $T\cos\theta-mg$ となるから，運動方程式の各成分は

$$m\ell(\ddot{\theta}\cos\theta-\dot{\theta}^2\sin\theta)=-T\sin\theta, \tag{8.1}$$

$$m\ell(\ddot{\theta}\sin\theta+\dot{\theta}^2\cos\theta)=T\cos\theta-mg. \tag{8.2}$$

・$\theta=\theta(t)$ なので $\frac{d}{dt}(\sin\theta)=\dot{\theta}\cos\theta$ などとなる．

(2) T を消去するため式 (8.1) に $\cos\theta$，式 (8.2) に $\sin\theta$ を乗じて和をとると，以下の微分方程式が得られる：

$$m\ell\ddot{\theta}=-mg\sin\theta \tag{8.3}$$

・T は未知数なので方程式を組み合わせて消去する．

(3) $\sin\theta\approx\theta$ を用いると式 (8.3) は近似的に

$$m\ell\ddot{\theta}=-mg\theta \tag{8.4}$$

と書ける．これは単振動の方程式であり，角振動数は $\omega=\sqrt{g/\ell}$，一般解は

$$\theta(t)=A\sin\left[\omega(t-t_0)\right]\quad(A,t_0\ \text{は定数})$$

となる．周期は $\tau=2\pi/\omega=2\pi\sqrt{\ell/g}$.

(4) 式 (8.1) に $-\sin\theta$，式 (8.2) に $\cos\theta$ を乗じて和をとると，

$$T=mg\cos\theta+m\ell\dot{\theta}^2. \tag{8.5}$$

・張力から重力の法線成分 $mg\cos\theta$ を差し引いたものが向心力 $m\ell\dot{\theta}^2$ となっている．

微小振動では θ について 2 次までで

$$T=mg\left(1-\frac{\theta^2}{2}\right)+m\ell\dot{\theta}^2$$

と近似でき，(3) の $\theta(t)$ を代入すると

$$T = mg + mgA^2 \left\{ 1 - \frac{1}{2}\sin^2[\omega(t - t_0)] \right\}$$

となる.

例題 20 の発展問題

20-1. 例題 20 の振り子で，$\theta = 0$ にあったおもりに初速 v_0 を与える.

(1) おもりが $\theta = \pi/2$ に達するために必要な v_0 の最小値を求めよ.

(2) 糸がたるまず，おもりが $\theta = \pi$ に達するために必要な v_0 の最小値を求めよ.

20-2. 半径 R の半球の頂上に質量 m の小物体が置かれている．球の中心を原点として水平面内に x, y 軸，鉛直上向きに z 軸をとる．物体をそっと押して x 方向にわずかに動かすと，物体は球面上をすべり落ちた．球面はなめらかで摩擦力は無視できるとして以下の問いに答えよ.

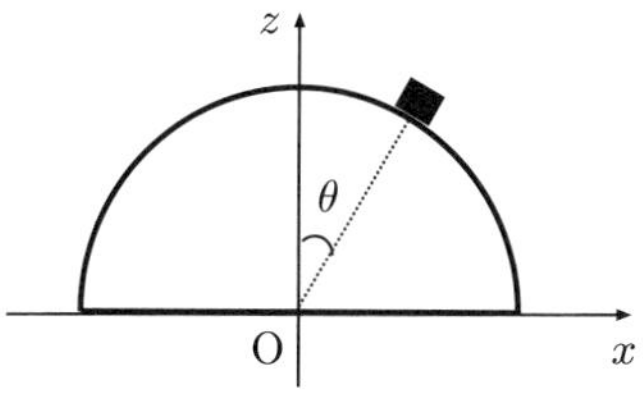

(1) 上図のように小物体の位置を球の頂上から測った角度 θ で表すと位置は $(x, y, z) = (R\sin\theta, 0, R\cos\theta)$ で与えられる．小物体が球面から受ける垂直抗力を N として，運動方程式の x, z 成分を書き下せ.

(2) (1) の結果およびエネルギー保存則を用いて，垂直抗力を θ で表せ.

(3) 物体が球面から離れるときの角度 θ_0 およびそのときの物体の速さ v_0 を求めよ.

重要度
★★★★

9 中心力による運動

《内容のまとめ》

質点に働く力 $\boldsymbol{F}$ が，原点を基準とした位置ベクトル $\boldsymbol{r}$ に平行で，その大きさ F は距離 $r = |\boldsymbol{r}|$ のみの関数であるとき，その力は中心力であるという．中心力は以下の形に表せる：

$$\boldsymbol{F} = F(r) \cdot \frac{\boldsymbol{r}}{r}$$

中心力の例として，2 つの質点の間の万有引力 $F = -GMm/r^2$ や 2 つの点電荷の間に働くクーロン力 $F = Qq/(4\pi\epsilon_0 r^2)$ がある．また，原点を支点として自由に回転できるバネによる力 $F = -k(r - \ell)$（k はバネ定数，ℓ は自然長）も中心力の一例である．中心力による運動は一般に以下の性質をもつ．

- 質点は原点を含む 1 つの平面内で運動する．
- 位置ベクトルが微小時間 dt に通過する面積を dS とするとき，面積速度 dS/dt は一定である（**面積速度一定の法則，ケプラーの第 2 法則**）．

万有引力による質点の運動についてはさらに次が成り立つ．

- 質点の軌道は力の中心を焦点とする 2 次曲線（楕円，放物線，または双曲線）となる（**ケプラーの第 1 法則**）．
- 質点が楕円軌道を描く場合，軌道の長半径 a と 周期 T の間には a^3/T^2 = (一定）の関係がある（**ケプラーの第 3 法則**）．

ケプラーの法則は惑星の公転を説明する法則として見いだされた．ただし，実際の惑星の運動は太陽だけではなく他の惑星の影響も受けるため，惑星が受ける力は中心力とはならず，ケプラーの法則は正確には成り立たない．

例題 21　面積速度一定の法則

中心力 $\boldsymbol{F} = F(r)\boldsymbol{r}/r$ を受けて運動する質量 m の質点について，次の問いに答えよ．

(1) 時刻 t での位置を $\boldsymbol{r}$，速度を $\boldsymbol{v}$，微小時間 Δt 後の速度を $\boldsymbol{v} + \Delta\boldsymbol{v}$ とするとき，これら 3 つのベクトルは同じ平面内にあることを示せ．このことから質点は 1 つの平面内で運動することがわかる．

(2) 質点が xy 平面上を運動するとして，その位置を 2 次元極座標 (r, θ) で表す．平面内の各点で r, θ が増える向きの単位ベクトルを $\boldsymbol{e}_r, \boldsymbol{e}_\theta$ として，それらの時間微分を $\dot{\theta}$, $\boldsymbol{e}_r$, $\boldsymbol{e}_\theta$ で表せ．

(3) 質点の位置 $\boldsymbol{r}$，速度 $\boldsymbol{v}$，加速度 $\boldsymbol{a}$ を，r, $\dot{r}$, $\ddot{r}$, θ, $\dot{\theta}$, $\ddot{\theta}$ および $\boldsymbol{e}_r$, $\boldsymbol{e}_\theta$ を用いて表せ．

(4) 運動方程式の動径成分（r 成分），角度成分（θ 成分）を書き下せ．

(5) 質点の面積速度は $dS/dt = r^2\dot{\theta}/2$ と表せること，および時間によらず一定であることを示せ．

考え方

速度ベクトルの変化は力の方向，つまり原点からの方向である．位置ベクトルは $\boldsymbol{r} = (x, y) = (r\cos\theta, r\sin\theta)$ で与えられる．これを時間微分することで速度，加速度が得られる．$\boldsymbol{e}_r$, $\boldsymbol{e}_\theta$ は質点の位置によって異なるベクトルであることに注意しよう．

‖解答‖

(1) Δt について 1 次で考えると

$$\Delta\boldsymbol{v} = \boldsymbol{a}\Delta t = \frac{\boldsymbol{F}}{m}\Delta t = \frac{F\Delta t}{mr}\boldsymbol{r}$$

だから $\boldsymbol{r}$ と $\Delta\boldsymbol{v}$ は平行．したがって $\boldsymbol{r}$, $\boldsymbol{v}$ が張る平面上に $\boldsymbol{v} + \Delta\boldsymbol{v}$ もある．

(2) $\boldsymbol{e}_r = (\cos\theta, \sin\theta)$, $\boldsymbol{e}_\theta = (-\sin\theta, \cos\theta)$ だから

$$\dot{\boldsymbol{e}}_r = (-\dot{\theta}\sin\theta, \dot{\theta}\cos\theta) = \dot{\theta}\boldsymbol{e}_\theta,$$

$$\dot{\boldsymbol{e}}_\theta = (-\dot{\theta}\cos\theta, -\dot{\theta}\sin\theta) = -\dot{\theta}\boldsymbol{e}_r.$$

ワンポイント解説

・$\boldsymbol{e}_r = \boldsymbol{r}/r$

(3) $\boldsymbol{r} = r\boldsymbol{e}_r$ の時間微分は

$$\boldsymbol{v} = \dot{r}\boldsymbol{e}_r + r\dot{\boldsymbol{e}}_r = \dot{r}\boldsymbol{e}_r + r\dot{\theta}\boldsymbol{e}_\theta.$$

・$\frac{d}{dt}(AB) = \dot{A}B + A\dot{B}$

・したがって極座標での $\boldsymbol{v}$ の成分は $v_r = \dot{r}$, $v_\theta = r\dot{\theta}$ となる．

もう一回微分して

$$\begin{aligned}\boldsymbol{a} &= (\ddot{r}\boldsymbol{e}_r + \dot{r}\dot{\theta}\boldsymbol{e}_\theta) + (\dot{r}\dot{\theta}\boldsymbol{e}_\theta + r\ddot{\theta}\boldsymbol{e}_\theta + r\dot{\theta}\dot{\boldsymbol{e}}_\theta)\\ &= (\ddot{r} - r\dot{\theta}^2)\boldsymbol{e}_r + (2\dot{r}\dot{\theta} + r\ddot{\theta})\boldsymbol{e}_\theta.\end{aligned}$$

・極座標での $\boldsymbol{a}$ の成分は $a_r = \ddot{r} - r\dot{\theta}^2$, $a_\theta = 2\dot{r}\dot{\theta} + r\ddot{\theta}$ となる．

(4) 運動方程式 $m\boldsymbol{a} = \boldsymbol{F} = F\boldsymbol{e}_r$ に (3) で得た $\boldsymbol{a}$ の式を代入し，両辺の $\boldsymbol{e}_r$ の係数を等しいとおくと，r 成分は

$$m(\ddot{r} - r\dot{\theta}^2) = F,$$

同様に，両辺の $\boldsymbol{e}_\theta$ の係数を等しいとおくと θ 成分は

$$m(2\dot{r}\dot{\theta} + r\ddot{\theta}) = 0.$$

(5) $\boldsymbol{r}$ が微小時間 dt に通過する領域は底辺の長さ r，高さ $v_\theta\,dt$ の直角三角形とみなせ（下図参照），その面積は $dS = \frac{1}{2}rv_\theta\,dt$. よって

・高さはベクトル $\boldsymbol{v}dt$ の θ 成分だから $v_\theta dt$.

$$\frac{dS}{dt} = \frac{1}{2}rv_\theta = \frac{1}{2}r^2\dot{\theta}.$$

もう一回 t で微分して

$$\frac{d^2S}{dt^2} = r\dot{r}\dot{\theta} + \frac{1}{2}r^2\ddot{\theta} = \frac{ra_\theta}{2} = 0.$$

よって $dS/dt =$（一定）.

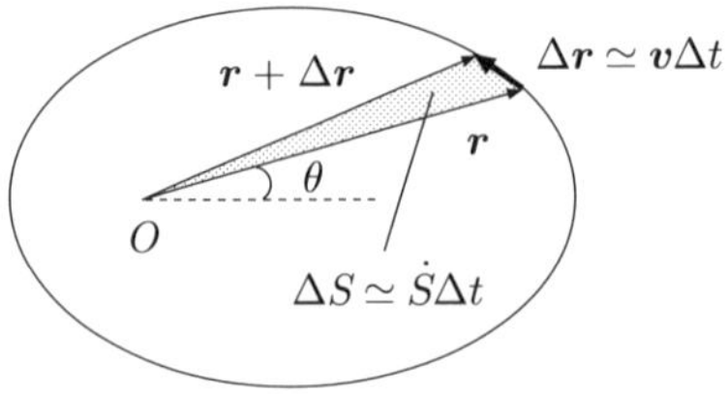

例題 21 の発展問題

21-1. (1) 例題 21 で中心力のポテンシャルを $U(r)$, $h = 2dS/dt = r^2\dot{\theta}$ とおく．このとき，運動方程式の動径成分は有効ポテンシャル

$$U_{\mathrm{eff}}(r) = U(r) + \frac{mh^2}{2r^2}$$

を用いて $m\ddot{r} = -U'_{\mathrm{eff}}(r)$ と表せることを示せ．

(2) ポテンシャル $U(r) = -A/r^n$（A, n は正の定数，$n \neq 2$）で与えられる中心力に対して，有効ポテンシャルが極小となる点を求めよ．この極小点を $r = r_0$ とすると，$r = r_0$ の円軌道は安定である．万有引力 $(n = 1)$ の場合はどうか．

(3) 上述の場合，r が r_0 からずれると r は振動する．$U_{\mathrm{eff}}(r)$ を $r = r_0$ のまわりで 2 次まで展開することにより，この振動の周期 T を求め，m, A, r_0 で表せ．

例題 22　惑星の運動

質量 M の恒星と質量 m の惑星が万有引力によって互いのまわりを運動している．いま $M \gg m$ のため近似的に恒星は動かないと仮定し，恒星を原点とした惑星の位置ベクトルを $\boldsymbol{r}$ とする．

(1) 惑星の運動方程式を動径成分と角度成分に分けて書き下せ．

(2) 惑星が半径 r の円運動をするときの速さ v を求めよ．

(3) 円運動の半径 r と周期 T の間には関係式 $r^3/T^2 = GM/4\pi^2$ が成り立つことを示せ．

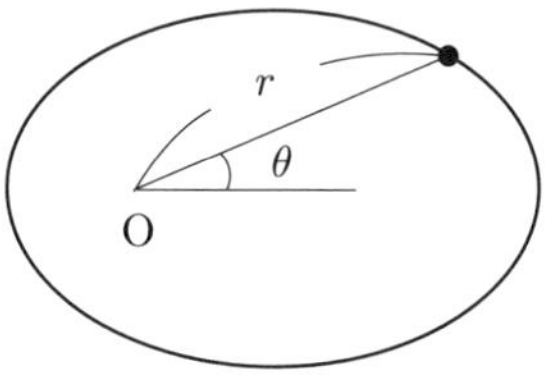

考え方

一般の中心力に対する運動方程式（例題 21）に万有引力の式を当てはめる．角速度は運動方程式の動径成分から求まり，円運動の周期は $2\pi/$(角速度) で与えられる．

解答

(1) $F(r) = -GMm/r^2$ を例題 21 の運動方程式に代入すると動径成分は $m(\ddot{r} - r\dot{\theta}^2) = -GMm/r^2$．角度成分は $m(2\dot{r}\dot{\theta} + r\ddot{\theta}) = 0$．

(2) $r =$（一定）なので運動方程式の動径成分から $\dot{\theta} = \sqrt{GM/r^3} =$（一定）となる．これは角度成分から得られる $\ddot{\theta} = 0$ も満たしている．速さは $v = r\dot{\theta} = \sqrt{GM/r}$．

(3) 周期は $T = 2\pi/\dot{\theta} = 2\pi\sqrt{r^3/GM}$ だから $r^3/T^2 = GM/4\pi^2$．

ワンポイント解説

・恒星の運動を正確に扱うと角速度は $\dot{\theta} = \sqrt{G(M+m)/r^3}$ となる（10 章参照）．

例題 22 の発展問題

22-1. (1) 面積速度一定の法則 $r^2\dot{\theta} = h$（一定）を用いて例題 22 の運動方程式の動径成分から $\dot{\theta}$ を消去し，r から $u = 1/r$ に変数変換することで次の微分方程式を導き，その一般解を示せ：

$$\frac{d^2u}{d\theta^2} + u = \frac{GM}{h^2}$$

(2) r が極小になる点が $(r, \theta) = (r_0, 0)$ となるように座標系をとると軌道の式は

$$r = \frac{\ell}{1 + \epsilon \cos\theta}$$

と表せることを示し，定数 ℓ, ϵ を G, M, m, h, r_0 で表せ.

(3) 軌道の式を直交座標 (x, y) で表すことにより，軌道が 2 次曲線であり，$\epsilon = 0$ のとき円，$0 < \epsilon < 1$ のとき楕円，$\epsilon = 1$ のとき放物線，$\epsilon > 1$ のとき双曲線となることを示せ.

22-2. 惑星が長径 a，短径 b の楕円軌道を描く場合を考える.

(1) 公転周期 T を a, b，および面積速度 $h/2$ を用いて表せ.

(2) 公転周期を T として $a^3/T^2 = GM/4\pi^2$ の関係（ケプラーの第 3 法則）が成り立つことを示せ.

重要度
★★★

10 衝突，運動量，質点系の運動

《内容のまとめ》

小球が平面（壁や床）に垂直に衝突してはね返るとき，小球の衝突直前の速さ v と衝突直後の速さ v' の比

$$e = \frac{v'}{v}$$

は初速度によらず，小球と平面の材質で決まることが経験的に知られている．この比を**反発係数**とよぶ．2 個の点状物体が同じ直線上を運動して衝突するときも，衝突前と衝突後の速度差の比は，反発係数

$$e = -\frac{v_1' - v_2'}{v_1 - v_2}$$

で与えられる．反発係数は 1 より大きくなることはない．$e = 1$ である場合の衝突を**弾性衝突**，$e < 1$ の場合を**非弾性衝突**とよぶ．

質量 m の物体が速度 $\boldsymbol{v}$ で運動しているとき，$\boldsymbol{p} = m\boldsymbol{v}$ をこの物体の**運動量**とよぶ．運動量の時間変化率は物体にはたらく力 $\boldsymbol{F}$ に等しい：$\dot{\boldsymbol{p}} = m\dot{\boldsymbol{v}} = \boldsymbol{F}$．したがって，時刻 t から $t + \Delta t$ の間の運動量の変化は $\Delta \boldsymbol{p} = \int_t^{t+\Delta t} \boldsymbol{F} dt$ で与えられる．この式の右辺を**力積**とよぶ．物体と物体が衝突する瞬間など短い時間に働く力を**撃力**という．撃力が働く間の物体の位置の変化は無視でき，速度（運動量）の変化のみを考えればよいため，撃力の影響は力積を用いて表すことができる．

質量 $m_1, m_2, \ldots, m_N$ の N 個の質点がそれぞれ位置 $\boldsymbol{r}_1, \boldsymbol{r}_2, \ldots, \boldsymbol{r}_N$ にあるとき，位置ベクトル

$$\boldsymbol{R} = \frac{\sum_{i=1}^{N} m_i \boldsymbol{r}_i}{\sum_{i=1}^{N} m_i} = \frac{m_1\boldsymbol{r}_1 + m_2\boldsymbol{r}_2 + \cdots + m_N\boldsymbol{r}_N}{m_1 + m_2 + \cdots + m_N} \tag{10.1}$$

で表される点をこの質点系の**重心**という．また，それぞれの質点の速度を $\boldsymbol{v}_i = \dot{\boldsymbol{r}}_i$ とすると，この質点系の運動量は

$$\boldsymbol{P} = \sum_{i=1}^{N} m_i \boldsymbol{v}_i = m_1\boldsymbol{v}_1 + m_2\boldsymbol{v}_2 + \cdots + m_N\boldsymbol{v}_N = M\dot{\boldsymbol{R}},$$
$$M = \sum_{i=1}^{N} m_i = m_1 + m_2 + \cdots + m_N$$

と表せ，系の全質量 M と**重心速度** $\boldsymbol{V} = \dot{\boldsymbol{R}}$ の積となる．質点系が外力を受けていないとき，系の運動量は時間によらず一定となる：

$$\boldsymbol{P} = \sum_{i=1}^{N} m_i \boldsymbol{v}_i = (\text{一定})$$

これを**運動量保存則**という．

例題 23　床との衝突

水平な床から高さ h の地点からボールを鉛直下向きに初速度 0 で落下させた．ボールと床の間の反発係数を e として，以下の問いに答えよ．

(1) ボールが床に衝突する直前の速さ v と反発した直後の速さ v' を求めよ．

(2) ボールが床から受けた力積の大きさ Δp を求めよ．

(3) はね返ったボールが到達する最大の高さを h' として，比 h'/h を e で表せ．

考え方

反発した直後の速さは (反発係数)×(衝突する直前の速さ) で与えられる．また，ボールが床面にあるときの速さと到達する高さの関係はエネルギー保存則から求められる．

解答

(1) エネルギー保存則より $mgh = mv^2/2$ なので $v = \sqrt{2gh}$. 床に衝突した直後の速さは反発係数の定義から

$$v' = ev = e\sqrt{2gh}.$$

(2) ボールが受けた力積はボールの運動量の変化に等しく，鉛直上向きを正として

$$\Delta p = mv' - (-mv) = (1+e)m\sqrt{2gh}.$$

(3) エネルギー保存則より $mgh' = mv'^2/2$ なので

$$h' = \frac{v'^2}{2g} = e^2 h.$$

ワンポイント解説

・運動量はベクトルだが鉛直成分のみ考えればよい．

例題 23 の発展問題

23-1. ボールを水平な床に対して速さ v_0，角度 θ で衝突させた．ボールと床の間の反発係数を e として以下の問いに答えよ．なおボールが床と接している時間は短く，その間に働く摩擦力は無視できるとする．

(1) ボールがはね返った直後の速さと角度を求めよ．

(2) ボールが最初に衝突してから n 回目に床に衝突するまでの時間 t_n を求めよ．

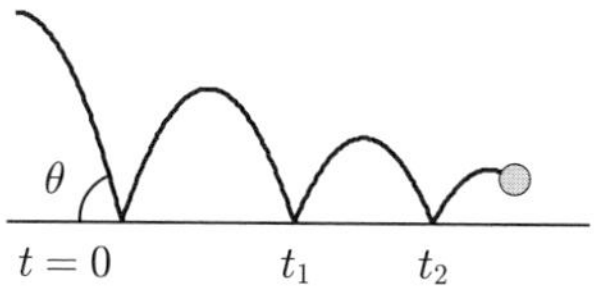

例題 24　直線上での 2 個の物体の衝突

質量 m の 2 個のビリヤード球が水平な床の上で衝突する．反発係数を e とする．運動はすべて同じ直線上で起こるものとして以下の問いに答えよ．なおビリヤード球の回転や床との摩擦は無視してよい．

(1) 静止している球 1 に球 2 が速度 v_0 で衝突した．衝突後のそれぞれの球の速度を求めよ．

(2) 衝突前と衝突後の系の運動エネルギーおよび，衝突によって失われた力学的エネルギーを求めよ．

考え方

水平方向の力は 2 つの球の間でのみ働くので，2 つの球の運動量の和は保存する．このことと反発係数の定義から，衝突後の各球の速度について 2 つの方程式を立てることができる．

解答

(1) 衝突後の球 1, 2 の速度を v_1, v_2 とする．運動量保存則から

$$mv_1 + mv_2 = m \cdot 0 + mv_0.$$

したがって $v_1 + v_2 = v_0$. 反発係数の定義から

$$v_1 - v_2 = e(v_0 - 0).$$

これらを連立させて解くと

$$v_1 = \frac{1+e}{2}v_0, \quad v_2 = \frac{1-e}{2}v_0.$$

(2) 衝突前と衝突後の運動エネルギーはそれぞれ

$$K = \frac{1}{2}mv_0^2,$$
$$K' = \frac{1}{2}mv_1^2 + \frac{1}{2}mv_2^2 = \frac{1+e^2}{4}mv_0^2$$

である．失われた力学的エネルギーは

ワンポイント解説

・衝突後と衝突前の相対速度を考える．

・$e = 1$ のとき球 2 は静止し，球 1 にすべての運動量が移行する．

$$K - K' = \frac{1-e^2}{4} m v_0^2.$$

・弾性衝突 ($e = 1$) のとき，$K = K'$ でエネルギーは保存される．

例題 24 の発展問題

24-1. xy 平面上を運動する 2 つの粒子の衝突について考える．x 軸の正の向きに速さ v_0 で運動する質量 m の粒子 1 が，座標原点に静止していた質量 M の粒子 2 に衝突した．衝突後，粒子 1 は速さ v で x 軸から反時計回りに角度 ϕ の方向に，粒子 2 は速さ V で x 軸から時計回りに角度 θ の方向に飛散した．衝突は弾性衝突であったとして以下の問いに答えよ．

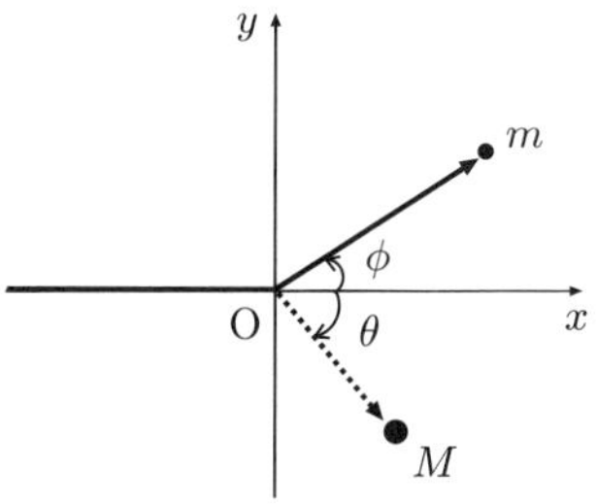

(1) 運動量保存の式を x 成分，y 成分に分けて書き下せ．

(2) エネルギー保存の式を書き下せ．

(3) (1), (2) の結果から V, θ を消去して，質量比 $\hat{m} = m/M$ を速度比 $\hat{v} = v/v_0$ と角度 ϕ で表せ．

(4) $m > M$ のとき角度 ϕ は一定値 ϕ_c ($< \frac{\pi}{2}$) を超えないことを示し，ϕ_c の値を求めよ．

例題 25　バネでつながれた物体の運動

質量 m_1, m_2 の 2 個の小球 1, 2 が，バネ定数 k，自然長 ℓ のバネによってつながれている．小球はバネに水平な直線 (x 軸) 上にあり，各小球の座標を x_1, x_2 としたとき $x_2 > x_1$ を保ちながら運動する．

(1) それぞれの小球の運動方程式を求めよ．

(2) 運動方程式を重心座標 $X = (m_1x_1 + m_2x_2)/2$，相対座標 $x = x_2 - x_1$ を用いて書き直せ．

(3) (2) の運動方程式を解いて一般解 $X(t)$, $x(t)$ を求めよ．

(4) 時刻 $t = 0$ に $x_1 = 0$, $x_2 = \ell/2$ で各小球は静止していたとして，その後の運動を求めよ．

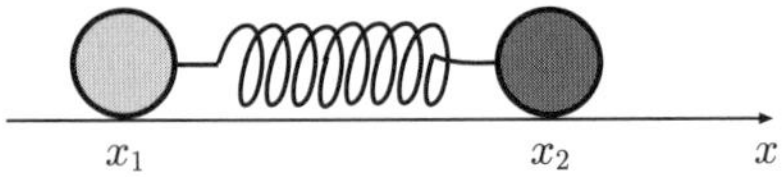

考え方

運動量保存則から重心の運動量は保存し，重心は等速運動をする．一方，相対運動は重心の運動とは独立であり，相対運動は単振動となることが示せる．各小球の位置は，重心座標と相対座標の線形重ね合わせとして求めることができる．

解答

(1) バネの伸びは $\Delta\ell = x_2 - x_1 - \ell$ であり小球 1, 2 に働く力はそれぞれ $k\Delta\ell$ と $-k\Delta\ell$．したがって運動方程式は

$$m_1\ddot{x}_1 = k(x_2 - x_1 - \ell), \tag{10.2}$$

$$m_2\ddot{x}_2 = -k(x_2 - x_1 - \ell). \tag{10.3}$$

ワンポイント解説

・力の符号に注意しよう．バネが伸びたとき小球 1 には正の向きの力，小球 2 には負の向きの力が働く．

(2) 重心の運動方程式は式 (10.2) + (10.3) より

$$(m_1 + m_2)\ddot{X} = m_1\ddot{x}_1 + m_2\ddot{x}_2 = 0. \tag{10.4}$$

相対加速度は $(10.3)/m_2 - (10.2)/m_1$ より

$$\ddot{x} = -\left(\frac{1}{m_1} + \frac{1}{m_2}\right) k(x_2 - x_1 - \ell)$$
$$= -\frac{m_1 + m_2}{m_1 m_2} k(x - \ell).$$

これは換算質量 $\mu = m_1 m_2/(m_1 + m_2)$ を用いると

$$\mu\ddot{x} = -k(x - \ell) \tag{10.5}$$

と表せる．

(3) 重心の運動方程式 (10.4) は等速運動を表し，一般解は

$$X(t) = X_0 + V_0 t \quad (X_0, V_0 \text{ は定数}).$$

相対運動の方程式 (10.5) は角振動数 $\omega = \sqrt{k/\mu} = \sqrt{(m_1 + m_2)k/m_1 m_2}$ の単振動を表し，一般解は

$$x(t) = \ell + A\cos\omega t + B\sin\omega t \quad (A, B \text{ は定数}).$$

(4) 初期条件より $X_0 = X(0) = m_2\ell/2(m_1 + m_2)$, $V_0 = \dot{X}(0) = 0$, $A = x(0) - \ell = -\ell/2$, $B = \dot{x}(0)/\omega = 0$. これらを代入して

$$X(t) = \frac{m_2\ell}{2(m_1 + m_2)}, \quad x(t) = \ell - \frac{\ell}{2}\cos\omega t,$$
$$x_1(t) = X(t) - \frac{m_2}{m_1 + m_2} x(t)$$
$$= -\frac{m_2\ell}{2(m_1 + m_2)}(1 - \cos\omega t),$$
$$x_2(t) = X(t) + \frac{m_1}{m_1 + m_2} x(t)$$
$$= \frac{\ell}{2} + \frac{m_1\ell}{2(m_1 + m_2)}(1 - \cos\omega t).$$

・x_1，x_2 の初期値から X, x の初期値を求める．

例題 25 の発展問題

25-1. 例題 25 で考えた 2 個の小球をバネでつないだ系が，水平でなめらかな床の上を運動し，小球 2 が壁に衝突した．衝突する直前にバネは自然長の状態にあり，壁に対して垂直であった．また小球の速度はいずれも v_0 であった．小球 2 と壁との衝突は弾性衝突であり瞬間的に起こったとして以下の問いに答えよ．

(1) 衝突した直後の小球 1, 2 の速度を求めよ．

(2) この系を重心に全質量 $M = m_1 + m_2$ が集中した 1 つの質点とみなす．$m_1 < m_2$ の場合にこの質点の反発係数 e を求めよ．

(3) 重心の運動エネルギー K_{G}，相対運動のエネルギー K_{rel} および系の全エネルギー E の，衝突前後での変化を求めよ．

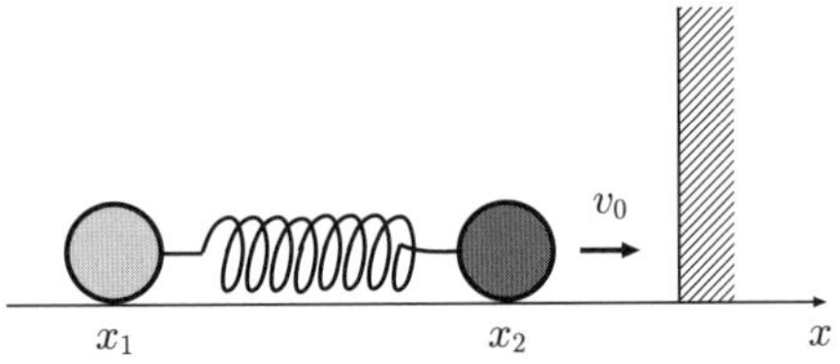

重要度
★★★

11 角運動量とトルク

《内容のまとめ》

ある回転軸のまわりに回転する質点の運動を考えよう．回転軸を z 軸とし，質点は xy 平面上で原点から半径 r の円上を運動するものとする．z が正の側から見て反時計回りを正の向きとして，x 軸からの回転角を $\theta = \theta(t)$ とする．質点の位置ベクトルは

$$\boldsymbol{r} = (r\cos\theta, r\sin\theta, 0),$$

速度ベクトルは

$$\boldsymbol{v} = \dot{\boldsymbol{r}} = (-r\dot{\theta}\sin\theta, r\dot{\theta}\cos\theta, 0)$$

となる．回転角の変化率 $\omega = \dot{\theta}$ を**角速度**とよぶ．速度の接線成分は反時計回りを正として

$$v_\theta = r\omega$$

となる．このとき回転の勢いを表す量として，質点の z 軸まわりの**角運動量**

$$L = mrv_\theta = mr^2\omega \tag{11.1}$$

を定義する[1]．質点に働く力を $\boldsymbol{F}$，その θ 方向の成分を F_θ とすると，運動方程式の接線成分は

[1]正確には角運動量はベクトルとして定義され，その向きは回転軸の向き，大きさが式 (11.1) で与えられる

$$m\dot{v}_\theta = F_\theta \tag{11.2}$$

となる．このことから角運動量の時間変化率を求めると

$$\dot{L} = rF_\theta \equiv N \tag{11.3}$$

となる．右辺に現れた量

$$N = rF_\theta \tag{11.4}$$

を z 軸まわりのトルクという．

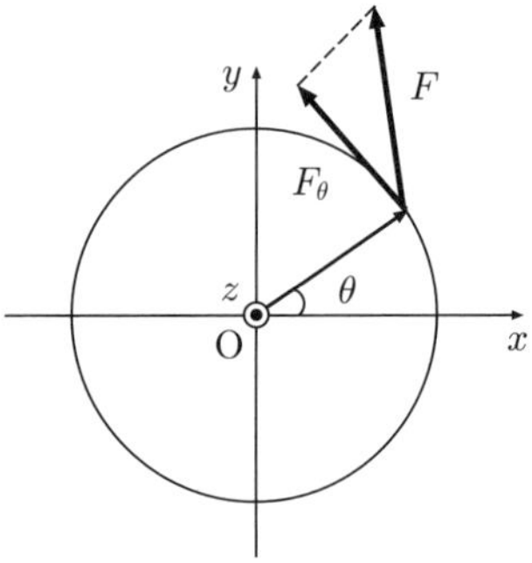

上では円運動を考えたが，任意の運動に対して，基準となる軸のまわりの角運動量やトルクを式 (11.1), (11.4) で定義することができる．ただし r は質点の基準軸からの距離，v_θ，F_θ は基準軸に沿って進む右ねじの回転する方向の速度成分および力の成分となる．例題 21 で見たように，面積速度は $dS/dt = \frac{1}{2}rv_\theta$ で与えられる．これと式 (11.1) を比べると

$$L = 2m\frac{dS}{dt}$$

と書けることがわかる．外力のトルク N がゼロであるとき，$\dot{L} = 0$ より角運動量は保存し，したがって面積速度も保存することがわかる．

以上は 1 個の質点の場合であるが，これを n 個の質点からなる系に拡張しよう．第 i 番目 $(i = 1, 2, \ldots, n)$ の質点の質量を m_i，z 軸からの距離を r_i，z 軸まわりの角速度を ω_i，この質点に働く力の θ 成分を $F_{\theta,i}$ としたとき，z 軸まわりの系の角運動量は

$$L = \sum_{i=1}^{n} m_i r_i^2 \omega_i, \tag{11.5}$$

系に働くトルクは

$$N = \sum_{i=1}^{n} r_i F_{\theta,i} \tag{11.6}$$

で表される.

n 個の質点からなる系に外力が働いていないとき，系の角運動量 (11.5) は時間によらず一定となる（**角運動量保存の法則**）. これは，質点が互いに及ぼす力（内力）は系の角運動量に寄与しないことによる（発展問題 27-1 参照）. また，重力によるトルクは，質点系の重心 $\boldsymbol{R}$ に全質量 $M = \sum_{i=1}^{n} m_i$ が集中していると仮定して求めることができる.

例題 26　単振り子に働くトルク

例題 20 の単振り子の運動をトルクを使って考え直そう．長さ ℓ の軽い糸の先端に質量 m の小さなおもりを付けた振り子が，支点から吊り下げられており，鉛直面内で振動する．鉛直下方からの振り子の振れ角を反時計回りに θ として以下の問いに答えよ．

(1) おもりの角運動量を角速度 $\dot{\theta}$ で表せ．

(2) おもりに働く重力のトルクを求めよ．

(3) 運動方程式を立てよ．

考え方

角運動量は (質量)×(回転半径)^2×(角速度) である．トルクは回転半径と重力の接線成分（θ が増加する向きを正とする）の積として求まる．

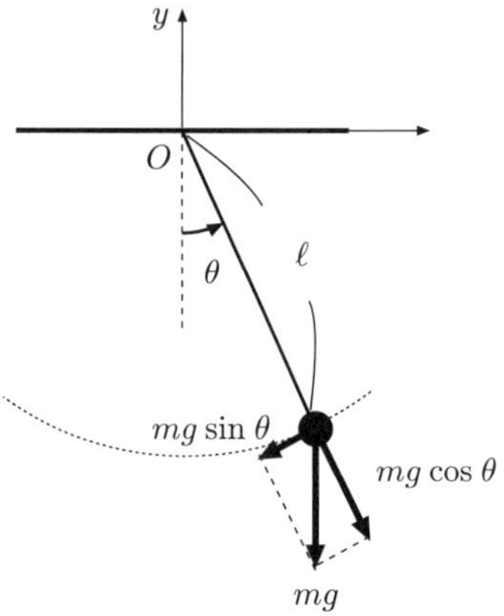

‖解答‖

(1) 回転半径は ℓ だから，$L = m\ell^2\dot{\theta}$.

(2) 重力の接線成分は上図より $F_\theta = -mg\sin\theta$ である．したがってトルクは $N = \ell F_\theta = -mg\ell\sin\theta$.

(3) 回転の運動方程式 $\dot{L} = N$ に (1), (2) の結果を代入して

ワンポイント解説

・力の符号に注意する．θ が増える方向を正とする．

$$m\ell^2\ddot{\theta} = -mg\ell\sin\theta.$$

これより $\ddot{\theta} = -(g/\ell)\sin\theta$ となり，例題 20 の運動方程式が再導出できた．

例題 26 の発展問題

26-1. 軽い棒の両端にそれぞれ質量 m_1, m_2 $(m_1 > m_2)$ のおもり P_1, P_2 を取り付け，棒の 1 点 O を支点として鉛直面内で回転する振り子とする．支点からそれぞれのおもりまでの距離を ℓ とする．支点 O を座標原点，棒の回転面を xy 平面とし，水平方向に x 軸，鉛直上向きに y 軸をとる．棒のつりあいの位置からの回転角を θ とする．

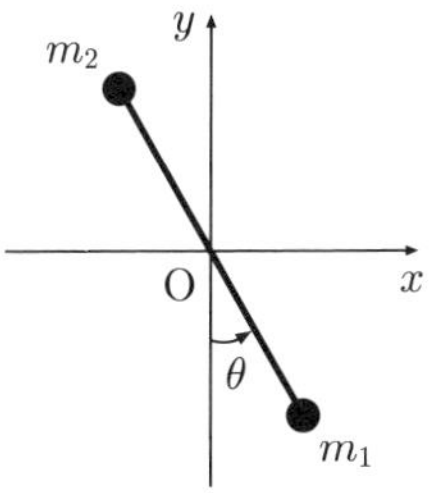

(1) 系の z 軸まわりの角運動量 $L = L_1 + L_2$ を $m_1, m_2, \ell, \dot{\theta}$ を用いて表せ．

(2) 系に働く重力のトルク $N = N_1 + N_2$ を求めよ．

(3) 回転の運動方程式を導き，θ が微小なときの振り子の周期を求めよ．

例題 27　角運動量保存の法則

伸び縮みする軽い棒の両端に，質量 M と m の 2 つの小球が固定されている．この棒を水平面内に投げ出したところ，初め棒は長さ ℓ_0 で，重心まわりに角速度 ω_0 で回転していたが，やがて長さは ℓ，角速度は ω でどちらも一定となった．回転は速く重力の影響は無視できるとして以下の問いに答えよ．

(1) 投げ出した直後のこの系の重心まわりの角運動量 L_0 を M, m, ℓ_0, ω_0 で表せ．

(2) $\ell = 2\ell_0$ であったとき，ω を ω_0 で表せ．

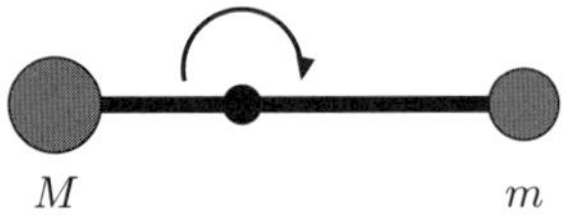

考え方

外力が働いていないので，2 つの小球の角運動量が保存する．重心まわりの角運動量は (質量)×(重心からの距離)^2 × (角速度) で与えられる．

‖解答‖

(1) 質量 M, m の小球それぞれの重心からの距離は $R_0 = m\ell_0/(M+m)$，$r_0 = M\ell_0/(M+m)$ だから $L_0 = MR_0^2\omega_0 + mr_0^2\omega_0 = [Mm/(M+m)]\ell_0^2\omega_0$.

(2) 最終的な系の角運動量は $L = [Mm/(M+m)]\ell^2\omega$．角運動量は保存するから $L = L_0$．よって $\ell^2\omega = \ell_0^2\omega_0$，すなわち $\omega = (\ell_0/\ell)^2\omega_0 = \omega_0/4$.

ワンポイント解説

・(1) の式の ℓ_0 を ℓ，ω_0 を ω に置き換えればよい．

例題 27 の発展問題

27-1. （角運動量保存則の証明）質量 m_1 と m_2 の粒子 1, 2 が，xy 平面上を運動する．各粒子の位置ベクトルを $\boldsymbol{r}_1 = (r_1\cos\theta_1, r_1\sin\theta_1, 0)$，$\boldsymbol{r}_2 = (r_2\cos\theta_2, r_2\sin\theta_2, 0)$ とする．粒子は互いに力を及ぼしており，粒子 1 が 2 から受ける力を $\boldsymbol{F}$ とする．以下の問いに答えよ．

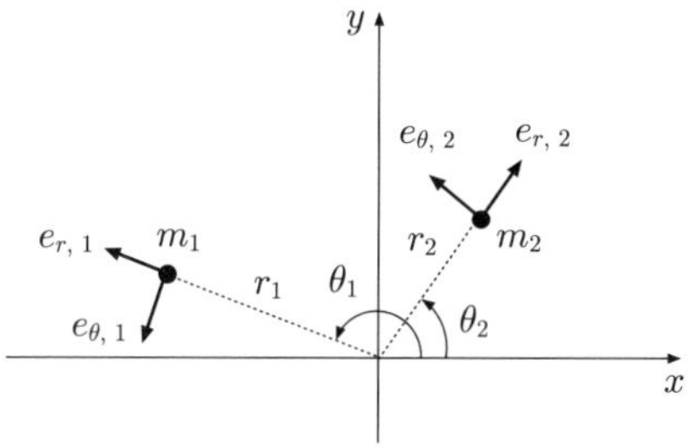

(1) 各粒子の z 軸まわりに回転する方向 (θ 方向) の運動方程式を立てよ.

(2) 粒子の z 軸まわりの角運動量の和 $L = L_1 + L_2$ は時間によらず一定であることを示せ.

例題 28　質点系の重心とトルク

軽い棒でできた一辺 ℓ の正方形の枠 ABCD がある．頂点 B, C, D にそれぞれ質量 $m, 2m, 3m$ の小さなおもりを取り付け，頂点 A を支点として鉛直面内で自由に回転できるようにする．A を原点として下図のように水平方向に x 軸，鉛直下向きに y 軸をとり，回転面と垂直かつ xyz 座標系が右手直交系となるように z 軸をとる．

(1) この系に働く重力のトルク N を，m，重力加速度 g および点 B, C, D の x 座標 $x_{\mathrm{B}}, x_{\mathrm{C}}, x_{\mathrm{D}}$ を用いて表せ．

(2) この系の重心 G の x 座標を x_{G} として，N を m, g, x_{G} で表せ．

(3) つりあいの状態で辺 AB が x 軸となす角度 θ を求めよ．

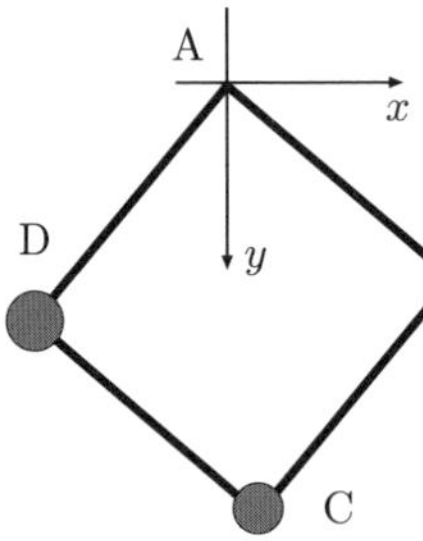

考え方

それぞれのおもりに働く重力のトルクは，支点からの距離と，重力の（円筒座標での）方位角成分の積で与えられる．重心の座標は重心の位置ベクトル (10.1) の各成分で与えられる．つりあいの条件はトルクが 0 となることである．

‖解答‖

(1) 支点 A から点 B までの距離を r_{B}，辺 AB が x 軸となす角を θ とすると，B にあるおもりに働く重力の方位角成分は $mg\sin\theta = mgx_{\mathrm{B}}/r_{\mathrm{B}}$，トルクは $N_{\mathrm{B}} = r_{\mathrm{B}} \cdot mgx_{\mathrm{B}}/r_{\mathrm{B}} = mgx_{\mathrm{B}}$ である．同様に C, D のおもりに働くトルクはそれぞれ $2mgx_{\mathrm{C}}$，$3mgx_{\mathrm{D}}$ だから $N = mg(x_{\mathrm{B}} + 2x_{\mathrm{C}} + 3x_{\mathrm{D}})$.

ワンポイント解説

（トルク）＝（力）×（力と垂直な方向の座標）としてもよい．ただし符号に注意．いまは図の時計回りを正としている．

(2) 重心の定義より

$$x_{\mathrm{G}} = \frac{mx_{\mathrm{B}} + 2mx_{\mathrm{C}} + 3mx_{\mathrm{D}}}{6m} = \frac{1}{6}(x_{\mathrm{B}} + 2x_{\mathrm{C}} + 3x_{\mathrm{D}}).$$

(1) の結果と比較して $N = 6mgx_{\mathrm{G}}$.

(3) $x_{\mathrm{B}} = \ell\cos\theta$, $x_{\mathrm{C}} = \sqrt{2}\ell\cos(\theta + \pi/4) = \ell(\cos\theta - \sin\theta)$, $x_{\mathrm{D}} = -\ell\sin\theta$ より $x_{\mathrm{G}} = (\ell/6)(3\cos\theta - 5\sin\theta)$. つりあいの条件は $N = 0$ すなわち $x_{\mathrm{G}} = 0$ であるから $\theta = \tan^{-1}\left(\frac{3}{5}\right)$.

・重力のトルクは，重心に全質量 $6m$ が集中していると仮定して求めたものに等しい．

例題 28 の発展問題

28-1. 軽い針金でできた直方体の枠がある．その 1 つの頂点 O に糸を付け，隣接する 3 つの頂点 A, B, C にそれぞれ質量 m のおもりをつけて吊り下げた．辺 OA, OB, OC の長さをそれぞれ a, b, c とする．

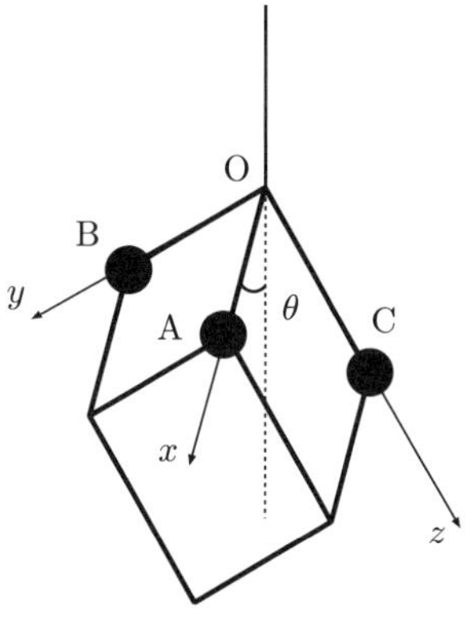

(1) O を原点とし，辺 OA, OB, OC に沿って x 軸，y 軸，z 軸をとる．この系の重心 G の座標を求めよ．

(2) O を通る鉛直線に G から下ろした垂線の足を H とする．OH の長さを d として，系に働く重力のトルク N を求めよ．ただしトルクの基準軸は O を通り，O, G, H を含む平面に垂直とする．

(3) つりあいの状態で辺 OA が鉛直線となす角 θ を求めよ．

重要度
★★★

12　剛体の運動

《内容のまとめ》

ここまでは物体を大きさをもたない質点とみなしてその運動を考えてきた．この章では大きさをもつ物体のうち，変形しない物体の運動を考えよう．そのような物体を剛体という．剛体は多数の微小な体積要素に分けると，それぞれの微小要素は質点とみなせる．

いま剛体がある回転軸のまわりに角速度 ω で回転するとする．剛体の変形しないという性質から，剛体を構成するそれぞれの微小要素（質点）は共通の角速度 ω で同じ軸のまわりを回転する．したがって剛体の角運動量は，質点系の角運動量の式 (11.5) において $\omega_i = \omega$ として

$$L = I\omega, \qquad I = \sum_{i=1}^{N} m_i r_i^2 \tag{12.1}$$

の形に表せる．ここで m_i, r_i は各質点の質量および回転軸からの距離である．ここで I は剛体の慣性モーメントとよばれる量である．

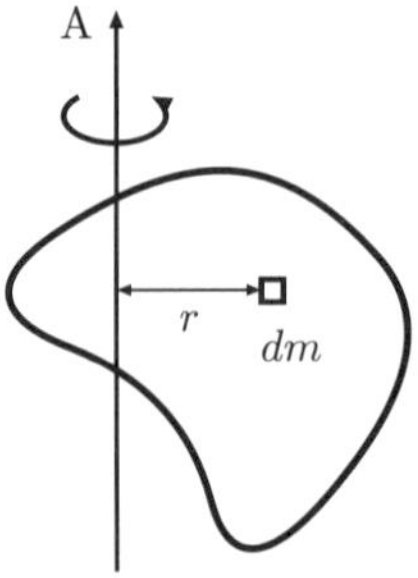

式 (12.1) は和の形に表されているが，剛体が連続体である場合には，すべ

ての微小要素にわたる積分で表すことが適当である．それぞれの微小要素の質量を dm，回転軸からの距離を r とすると，式 (12.1) で $m_i \to dm$, $r_i \to r$, $\sum \to \int$ の置き換えをして，慣性モーメントは

$$I = \int dm\, r^2 \tag{12.2}$$

となる．剛体の密度 ρ が一定の場合，微小要素の体積を dV とすると $dm = \rho\, dV$ であるから，慣性モーメント (12.2) は体積積分 $I = \rho \int dV r^2$ で表せる．剛体に働くトルクは，回転軸を z 軸，各微小要素に働く力の θ 成分（θ は円筒座標の方位角）を dF_θ として，

$$N = \int r\, dF_\theta \tag{12.3}$$

で与えられる．これは質点の場合の式 (11.4) を拡張したものである．

剛体の回転運動の運動方程式は，角運動量とトルクの一般的な関係 $dL/dt = N$ に $L = I\omega$ を代入して，

$$I \frac{d\omega}{dt} = N \tag{12.4}$$

となる．

剛体の重心の位置は，全質量を $M = \int dm$，各微小要素の位置ベクトルを $\boldsymbol{r}$ として位置ベクトル

$$\boldsymbol{R} = \frac{1}{M} \int dm\, \boldsymbol{r} \tag{12.5}$$

で表される．これは質点系の重心の式 (10.1) を積分を用いて書き換えたものである．重力によるトルクは，質点系の場合と同様に，剛体の重心に全質量が集中していると仮定して求めることができる．

例題 29　慣性モーメント

以下のそれぞれの剛体について，与えられた回転軸のまわりの慣性モーメント I を求めよ．

(1) 質量 M，長さ ℓ の一様で細い棒．回転軸は棒の一端を通り棒に垂直．

(2) 質量 M，長さ ℓ の一様で細い棒．回転軸は棒の重心を通り棒に垂直．

(3) 質量 M，半径 a の一様で薄い円板．回転軸は円板の中心を通り円板に垂直．

(4) 質量 M，半径 a の一様で薄い円板．回転軸は円板の直径．

(5) 質量 M，長さ ℓ，半径 a の一様な円柱．回転軸は円柱の中心軸．

(6) 質量 M，半径 a の一様な球．回転軸は球の中心を通る直線．

考え方

剛体を微小要素に分け，各微小要素の質量と回転軸からの距離の 2 乗の積を積分する．各微小要素の質量は（密度）＝（剛体の全質量）／（剛体の体積）と微小要素の体積の積として計算できる．

解答

ワンポイント解説

(1) 棒の線密度は M/ℓ．回転軸が通る方の棒の一端を原点として棒に沿って x 軸をとると $0 < x < \ell$．いま x から $x + dx$ にある微小要素を考えるとその質量は $dm = (M/\ell)\,dx$，回転軸からの距離は x であるから，棒の慣性モーメントは

$$I = \int_0^{\ell} \frac{M}{\ell} x^2 dx = \frac{1}{3} M\ell^2.$$

(2) 棒の線密度は M/ℓ．重心を原点として棒に沿って x 軸をとると $-\ell/2 < x < \ell/2$．いま x から $x + dx$ にある微小要素を考えるとその質量は $dm = (M/\ell)dx$，回転軸からの距離は x であるから，慣性モーメントは

$$I = \int_{-\ell/2}^{\ell/2} \frac{M}{\ell} x^2 dx = \frac{1}{12} M\ell^2.$$

・(1) と比べると，重心を基準点とした方が慣性モーメントが小さい.

(3) 円板の面密度は $M/\pi a^2$．円板の中心を原点として 2 次元極座標 r, ϕ をとると $0 < r < a$, $0 < \phi < 2\pi$．いま r から $r+dr$，ϕ から $\phi+d\phi$ にある微小要素を考えるとその質量は $dm = (M/\pi a^2) r\,drd\phi$，回転軸からの距離は r であるから，円板の慣性モーメントは

$$I = \int_0^{2\pi}\int_0^a \frac{M}{\pi a^2} r^2 \cdot rdrd\phi = \frac{1}{2} Ma^2.$$

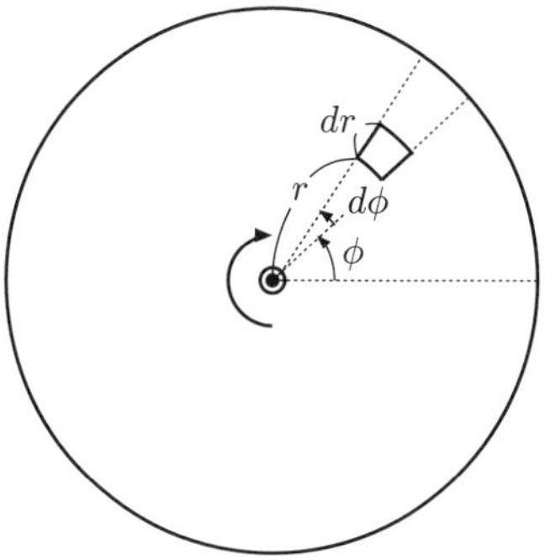

(4) 円板の面密度は $M/\pi a^2$．円板の中心を原点，回転軸を x 軸として 2 次元極座標 r, ϕ をとると $0 < r < a$, $0 < \phi < 2\pi$．いま r から $r + dr$，ϕ から $\phi + d\phi$ にある微小要素を考えるとその質量は $dm = (M/\pi a^2) r\,drd\phi$，回転軸からの距離は $y = r\sin\phi$ であるから，円板の慣性モーメントは

・回転軸からの距離は円板の中心からの距離ではないことに注意.

$$I = \int_0^{2\pi}\int_0^a \frac{M}{\pi a^2} (r\sin\phi)^2 \cdot r\,drd\phi = \frac{1}{4} Ma^2.$$

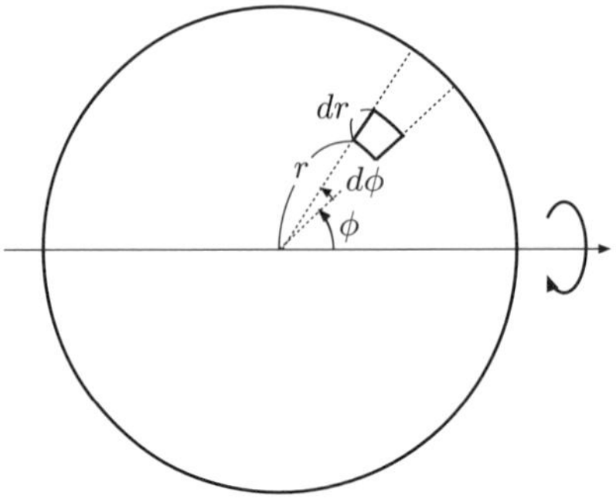

(5) 円柱の密度は $M/\pi a^2\ell$．円柱の底面の中心を原点として円柱座標 r,ϕ,z をとると $0<r<a$, $0<\phi<2\pi$, $0<z<\ell$ である．いま r から $r+dr$，ϕ から $\phi+d\phi$，z から $z+dz$ にある微小要素を考えるとその質量は $dm=(M/\pi a^2\ell)r\,drd\phi dz$，回転軸からの距離は r であるから円柱の慣性モーメントは

$$I=\int_0^\ell\int_0^{2\pi}\int_0^a\frac{M}{\pi a^2\ell}r^2\cdot r\,drd\phi dz=\frac{1}{2}Ma^2.$$

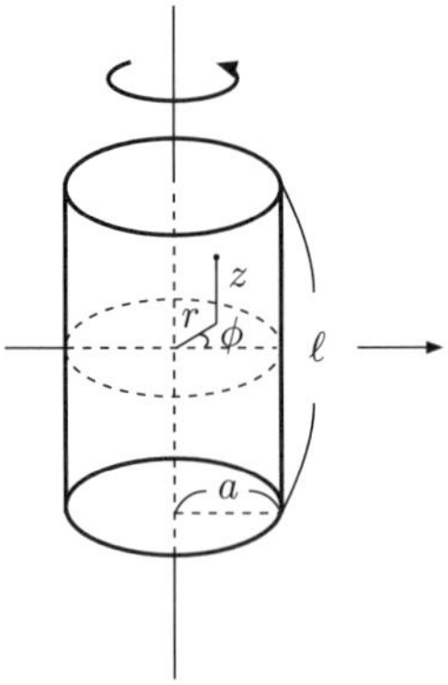

(6) 球の密度は $M/(\frac{4\pi}{3}a^3)$．3 次元極座標 r,θ,ϕ で $0<r<a$, $0<\theta<\pi$, $0<\phi<2\pi$．いま r から $r+dr$，θ から $\theta+d\theta$，ϕ から $\phi+d\phi$ にある微小要素を考えるとその質量は $(3M/4\pi a^3)r^2\sin\theta drd\theta d\phi$，回転軸からの距

微小要素は高さ dr，縦 $rd\theta$，横 $r\sin\theta\,d\phi$ の直方体として近似できるので，体積は $r^2\sin\theta\,drd\theta d\phi$.

離は $r\sin\theta$ であるから,

$$
\begin{aligned}
I &= \int_0^{2\pi}\int_0^{\pi}\int_0^{a} \frac{3M}{4\pi a^3}(r\sin\theta)^2 \cdot r^2 \sin\theta \, dr d\theta d\phi \\
&= \frac{3M}{4\pi a^3}\int_0^{a} r^4 dr \int_0^{\pi} \sin^3\theta \, d\theta \int_0^{2\pi} d\phi \\
&= \frac{3M}{4\pi a^3}\cdot\frac{a^5}{5}\cdot\frac{4}{3}\cdot 2\pi \\
&= \frac{2}{5}Ma^2.
\end{aligned}
$$

・極角 θ の範囲は 0 から π までであることに注意.

なお θ についての積分は，3 倍角の公式 $\sin 3\theta = 3\sin\theta - 4\sin^3\theta$ を用いて

$$
\int_0^{\pi} \sin^3\theta \, d\theta = \frac{1}{4}\left[\frac{1}{3}\cos 3\theta - 3\cos\theta\right]_0^{\pi} = \frac{4}{3}
$$

と計算した.

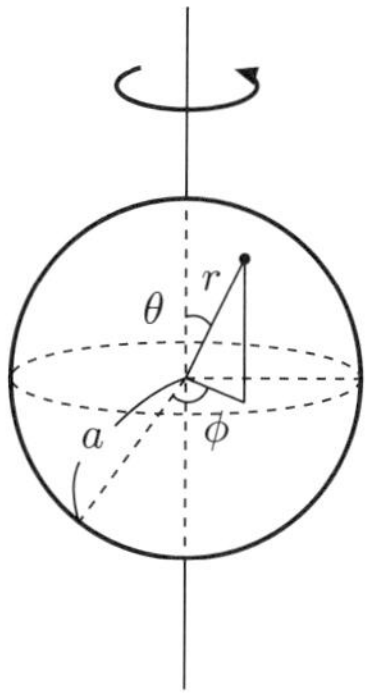

例題 29 の発展問題

29-1. 幅 a，奥行き b，高さ h，質量 M の直方体の慣性モーメント I を求めよ．ただし回転軸は高さ方向の辺の 1 つとする.

29-2. 質量 M，長さ L の一様な棒が，水平で粗い床から鉛直でなめらかな壁に立てかけられ，壁と角度 θ をなして静止している.

(1) 棒が床および壁から受ける垂直抗力の大きさをそれぞれ N_1, N_2, 床から受ける摩擦力の大きさを F として，これらを求めよ.

(2) 床と棒の間の静止摩擦係数を μ として，棒がすべらないための θ についての条件を求めよ．

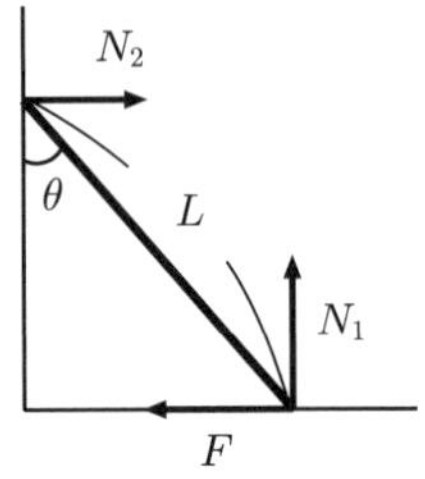

29-3. 質量 M の剛体の回転軸 A のまわりの慣性モーメントを I とする．軸 A に平行で，この剛体の重心 G を通る軸 A$'$ のまわりの慣性モーメントを I'，A と A$'$ の距離を h とするとき，$I = I' + Mh^2$（平行軸の定理）が成り立つことを示せ．

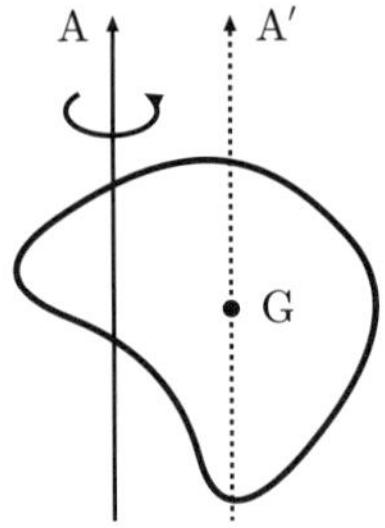

例題 30　剛体振り子

質量 M，長さ ℓ の一様で細い棒を，その一端を支点として自由に回転できるようにし，鉛直面内を運動する振り子とする．最下点からの振れ角を θ として以下の問いに答えよ．

(1) 振り子に働く重力によるトルクを求め，運動方程式を導け．

(2) 振れ角は微小 ($|\theta| \ll 1$) として振り子の周期を求めよ．同じ長さの単振り子と比べてどちらが周期が短いか．

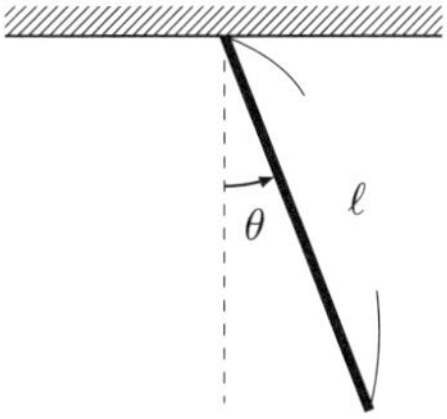

考え方

重力によるトルクは，質量がすべて重心に集まっていると仮定して求めてよい．回転の運動方程式は (慣性モーメント) × (角加速度) = (トルク) である．

解答

(1) 重心は棒の中心にあり支点からの距離は $\ell/2$．重力の回転方向（θ が増える方向）の成分は $-Mg\sin\theta$ だから，重力によるトルクは $N = -(\ell/2)Mg\sin\theta$．支点まわりの棒の慣性モーメントは $I = M\ell^2/3$．よって運動方程式 $I\ddot{\theta} = N$ は次のように書ける：

$$\frac{M\ell^2}{3}\ddot{\theta} = -\frac{Mg\ell}{2}\sin\theta.$$

(2) $\sin\theta \simeq \theta$ より運動方程式は

$$\ddot{\theta} = -\frac{3g}{2\ell}\theta$$

と近似できる．これは角振動数 $\omega = \sqrt{3g/2\ell}$ の単振動

ワンポイント解説

・棒の各微小部分に働くトルクを積分して求めてもよい．

を表し，周期は

$$T = \frac{2\pi}{\omega} = 2\pi\sqrt{\frac{2\ell}{3g}}.$$

一方，長さ ℓ の単振り子の周期は $2\pi\sqrt{\ell/g}$（例題 20 参照）だから，周期は剛体棒振り子の方が短い．

例題 30 の発展問題

30-1. 質量 M，半径 a の一様な剛体球を天井に固定された支点から軽い糸で吊るして振り子とする．支点から球の重心までの距離を ℓ とする．振り子は鉛直面内で運動し，剛体球の重心はつねに糸の延長線上にあるものとする．この振り子の運動について以下の問いに答えよ．

(1) 支点のまわりの振り子の慣性モーメント I を求めよ．

(2) 鉛直下方を基準とした振り子の振れ角を θ として，重力によるトルク N を求めよ．

(3) 微小振動 ($|\theta| \ll 1$) の場合の振り子の周期を求めよ．支点からの距離が同じ単振り子と比べて周期はどうなるか．

30-2. 水平な床の上に質量 M，半径 a の一様な剛体球が静止している．球の中心を通る鉛直面内で，床から高さ $a+h$ の位置を水平に棒で突くと，球は重心の速度 v_0，重心まわりの角速度 ω_0 で運動を始めた．球を突いた時刻を $t=0$，棒が球に与えた撃力の力積を J として以下の問いに答えよ．なお球の中心まわりの慣性モーメント $I = \frac{2}{5}Ma^2$ を用いてよい．

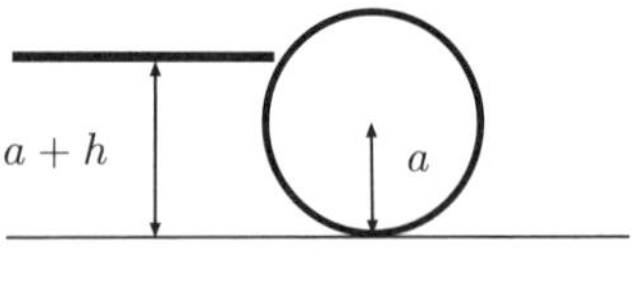

(1) v_0 および ω_0 を M, a, h, J を使って表せ．

(2) $h = h_0$ のとき球はすべらずに運動する．h_0 を a を使って表せ．

(3) $h > h_0$ のとき，球はすべりながら転がり始める．球と床の間の動摩擦係数を μ'，重力加速度を g として，球の運動方程式を重心速度 v および重心まわりの角速度 ω についての式として与えよ．

(4) (3) の運動方程式を解いて v および ω の時間変化を求めよ．

発展問題の略解

1 章の発展問題

1–1. $0 < t < 1$ s で速度は $v(t) = 10t$ [m/s] だから加速度は $a(t) = \dot{v} = 10$ m/s^2，位置は $x(t) = x(0) + \int_0^t v(t')dt' = 5t^2$ [m]. 同様にして $1 < t < 2$ s では $v(t) = 10$ m/s より $a(t) = 0$ m/s^2, $x(t) = 5 + 10t$ [m]. $2 < t < 4$ s では $v(t) = 10 - 5(t-2)$ m/s より $a(t) = -5$ m/s^2, $x(t) = 15 + 10(t-2) - 2.5(t-2)^2$ [m]. $t > 4$ s では $v(t) = 0$ m/s より $a(t) = 0$ m/s^2, $x(t) = 25$ m.

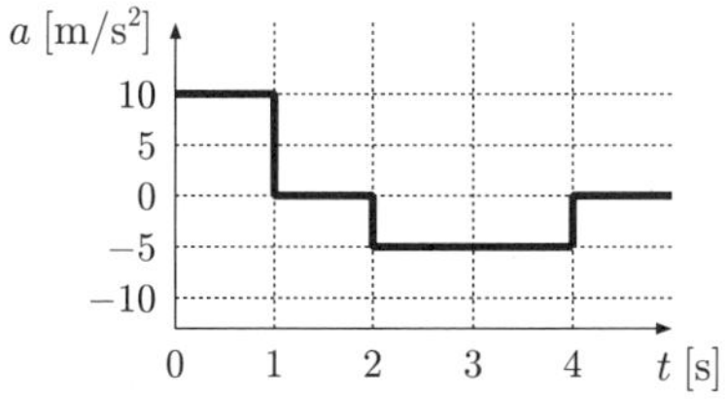

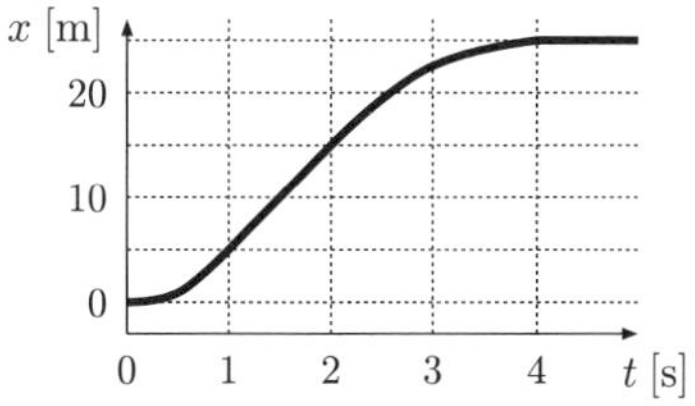

2–1. $x(t) = x(0) + \displaystyle\int_0^t v(t')dt' = x_0 + \left[v_0 t' - \frac{1}{2}g{t'}^2\right]_0^t = x_0 + v_0 t - \frac{1}{2}gt^2.$

2–2. $v(t) = v(0) + \displaystyle\int_0^t a(t')dt' = v_0 + \frac{A}{\gamma}\left(1 - e^{-\gamma t}\right),$

$$x(t) = x(0) + \int_0^t v(t')dt' = v_0 t + \frac{A}{\gamma}\left(t + \frac{1}{\gamma}e^{-\gamma t} - \frac{1}{\gamma}\right).$$

2 章の発展問題

3–1. 地表にある質量 $m = 1$ kg の物体に働く万有引力の大きさは $F = mg = GMm/r^2 = 9.8$ N. よって $g = F/m = 9.8$ m/s^2.

3–2. クーロン力の大きさは $e^2/4\pi\epsilon_0 r^2 = 8.2 \times 10^{-8}$ N.

4–1. 地球から受ける万有引力の大きさは $F_E = GM_E m/r^2 = 2.0 \times 10^{20}$ N.

太陽から受ける万有引力は $F_S = GM_S m/R^2 = 4.3 \times 10^{20}$ N. 合力の向きは (1), (2) とも月から太陽に向かう向きで，大きさは (1) $F_S + F_E = 6.3 \times 10^{20}$ N, (2) $F_S - F_E = 2.3 \times 10^{20}$ N.

3 章の発展問題

5–1. 運動方程式は $ma = qE_0 \cos\omega t$ だから加速度は $a = (qE_0/m)\cos\omega t$. 時間で積分して $v(0) = 0$ の条件を使うと，$v(t) = (qE_0/m\omega)\sin\omega t$. もう 1 回時間で積分して $x(0) = 0$ の条件を使うと，$x(t) = (qE_0/m\omega^2)(1 - \cos\omega t)$.

6–1. 鉛直下向きを正の向きとして運動方程式は

$$m\frac{dv}{dt} = mg - Qv^2.$$

変数分離して時刻 0 から t まで積分すると

$$\int_{v(0)}^{v(t)} \frac{dv}{g - (Q/m)v^2} = \int_0^t dt. \tag{A-1}$$

ここで $v_\infty = \sqrt{mg/Q}$ とおくと左辺の被積分因子は

$$-\frac{m}{Q}\cdot\frac{1}{v^2 - v_\infty^2} = -\frac{v_\infty}{2g}\left(\frac{1}{v - v_\infty} - \frac{1}{v + v_\infty}\right)$$

と分解でき，式 (A-1) は

$$-\frac{v_\infty}{2g}\left[\ln\left|\frac{v - v_\infty}{v + v_\infty}\right|\right]_0^t = t$$

となる．初期条件 $v(0) = 0$ を使って整理すると

$$\frac{v(t) - v_\infty}{v(t) + v_\infty} = -e^{-2gt/v_\infty}.$$

よって

$$v(t) = v_\infty\left(\frac{1 - e^{-2gt/v_\infty}}{1 + e^{-2gt/v_\infty}}\right) = v_\infty \tanh\left(\frac{gt}{v_\infty}\right).$$

4 章の発展問題

7–1. つりあいの位置を $x = 0$ として右向きに x 軸をとると，おもりの位置が

x のとき左右のバネの伸びはそれぞれ x, $-x$. おもりが左右のバネから受ける力は x 軸の正の向きに $-k_1x$ および $k_2(-x) = -k_2x$ だから，運動方程式は $m\ddot{x} = -(k_1 + k_2)x$. 運動はバネ定数 $k = k_1 + k_2$ の単一のバネによる運動と同じであり，角振動数 $\omega = \sqrt{(k_1 + k_2)/m}$ の単振動となる.

7-2. 2 本のバネそれぞれの伸びを x_1, x_2 として，おもりのつりあいの位置からの変位は鉛直下向きに $x = x_1 + x_2$. 2 本のバネにかかる力は等しく $F = -k_1x_1 = -k_2x_2$ であるから，$x = -F/k_1 - F/k_2 = -F(k_1 + k_2)/k_1k_2$. 運動方程式は $m\ddot{x} = F = -k_1k_2/(k_1 + k_2) \cdot x$. 運動はバネ定数 $k = k_1k_2/(k_1 + k_2)$ の単一のバネによる運動と同じであり，角振動数 $\omega = \sqrt{k_1k_2/[(k_1 + k_2)m]}$ の単振動となる. 手を離してからの時間を t として $x = d\cos\omega t$.

8-1. (1) $\lambda_+ = -3$, $\lambda_- = -1$ より一般解は $x(t) = C_+e^{-3t} + C_-e^{-t}$ ($C_\pm$ は定数). 初期条件より $x(0) = C_+ + C_- = 0.6$, $v(0) = -3C_+ - C_- = 0$. よって $C_+ = -0.3$ m, $C_- = 0.9$ m で $x(t) = -0.3e^{-3t} + 0.9e^{-t}$ [m].

(2) $\lambda_\pm = -2$ のため $e^{\lambda_+ t}$ と $e^{\lambda_- t}$ が独立な解とならない. そこで解を $x(t) = f(t)e^{-2t}$ の形においてみる：

$$\ddot{x} + 4\dot{x} + 4x = \left(\frac{d}{dt} + 2\right)\left(\frac{d}{dt} + 2\right)x \tag{A-2}$$

$$= \left(\frac{d}{dt} + 2\right)\dot{f}(t)e^{-2t} \tag{A-3}$$

$$= \ddot{f}(t) = 0 \tag{A-4}$$

ここで $\frac{d}{dt}$ は微分演算子であり，$\frac{d}{dt}f(t) = \dot{f}(t)$ となる. これから $f(t) = At + B$ (A, B は定数) となり一般解は $x(t) = (At + B)e^{-2t}$. 初期条件より $x(0) = B = 0.6$, $\dot{x}(0) = A - 2B = 0$. よって $A = 1.2$, $B = 0.6$, $x(t) = (1.2t + 0.6)e^{-2t}$ [m].

9-1. 特殊解を $x(t) = C_1\sin\omega_1 t + C_2\cos\omega_2 t$ の形に仮定して運動方程式に代入すると，固有角振動数 $\omega = \sqrt{k/m}$ を用いて

$$C_1(\omega^2 - \omega_1^2)\sin\omega_1 t + C_2(\omega^2 - \omega_2^2)\cos\omega_2 t = F_1\sin\omega_1 t + F_2\cos\omega_2 t.$$

これが任意の t で成り立つには $C_1 = F_1/(\omega^2 - \omega_1^2)$, $C_2 = F_2/(\omega^2 - \omega_2^2)$

が必要．よって一般解は

$$x(t)=\frac{F_1}{\omega^2-\omega_1^2}\sin\omega_1 t+\frac{F_2}{\omega^2-\omega_2^2}\cos\omega_2 t+B\sin\omega t+C\cos\omega t$$

（B, C は定数）．

9-2. 運動方程式は $m\ddot{x}=-kx-m\gamma\dot{x}+F_0\sin\omega_0 t$．両辺を m で割り，整理すると $\ddot{x}+\gamma\dot{x}+\omega^2 x=(F_0/m)\sin\omega_0 t$．特殊解を $x(t)=x_0(t)=C_1\sin\omega_0 t+C_2\cos\omega_0 t$（$C_1, C_2$ は定数）の形におくと

$$\left[C_1(\omega^2-\omega_0^2)-C_2\gamma\omega_0\right]\sin\omega_0 t+\left[C_1\gamma\omega_0+C_2(\omega^2-\omega_0^2)\right]\cos\omega_0 t$$
$$=\frac{F_0}{m}\sin\omega_0 t.$$

両辺の $\sin\omega_0 t$, $\cos\omega_0 t$ の係数を比較して

$$C_1(\omega^2-\omega_0^2)-C_2\gamma\omega_0=\frac{F_0}{m},\quad C_1\gamma\omega_0+C_2(\omega^2-\omega_0^2)=0.$$

これを解くと

$$C_1=\frac{F_0}{m}\cdot\frac{\omega^2-\omega_0^2}{(\omega^2-\omega_0^2)^2+(\gamma\omega_0)^2},$$
$$C_2=\frac{F_0}{m}\cdot\frac{-\gamma\omega_0}{(\omega^2-\omega_0^2)^2+(\gamma\omega_0)^2}.$$

斉次解を加えて，一般解は

$$x(t)=\frac{F_0}{m}\cdot\frac{(\omega^2-\omega_0^2)\sin\omega_0 t-\gamma\omega_0\cos\omega_0 t}{(\omega^2-\omega_0^2)^2+(\gamma\omega_0)^2}+A\cos\omega t+B\sin\omega t$$

（A, B は定数）

となる．これは，

$$x(t)=C\sin(\omega_0 t-\delta)+A\cos\omega t+B\sin\omega t,$$
$$C=\frac{F_0}{m}\cdot\frac{1}{\sqrt{(\omega^2-\omega_0^2)^2+(\gamma\omega_0)^2}},\quad \tan\delta=\frac{\gamma\omega_0}{\omega^2-\omega_0^2}$$

の形に整理することができる．非斉次解の振幅 $C=C(\omega)$ のグラフは下図のようになり，$\omega=\omega_0$ でピークをもつ．また γ の値が小さいほどピークは高い．

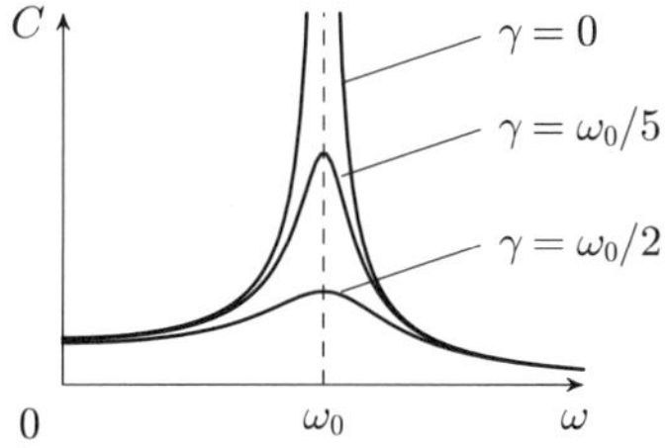

9-3. おもりの位置を x としてバネの伸びは $A\sin\omega_0 t - x$．おもりがバネから受ける力はバネの伸びと同符号だから，運動方程式は $m\ddot{x} = -k(x - A\sin\omega_0 t)$．これは外力 $F(t) = kA\sin\omega_0 t$ を受ける強制振動の方程式と同じであり，固有角振動数を $\omega = \sqrt{k/m}$ として一般解は

$$x(t) = -\frac{kA}{m(\omega^2 - \omega_0^2)}\sin\omega_0 t + B\sin\omega t + C\cos\omega t.$$

初期条件 $x(0) = 0,\ \dot{x}(0) = 0$ を満たす解は

$$x(t) = \frac{kA}{m(\omega^2 - \omega_0^2)}\left(\sin\omega_0 t - \frac{\omega_0}{\omega}\sin\omega t\right).$$

5 章の発展問題

10-1. (1) $F(t) = m\dot{v} = -mv_0\gamma e^{-\gamma t}$.

(2) $dx = vdt$ より $W = \int_{x(0)}^{x(T)} Fdx = \int_0^T Fvdt = -mv_0^2\gamma\int_0^T e^{-2\gamma t}dt = -\frac{1}{2}mv_0^2\left(1 - e^{-2\gamma T}\right)$.

11-1. 電場から粒子が受ける力は $F = qE$ で一定である．ポテンシャルは $U(x) = -\int^x Fdx = -qEx + C$（$C$ は定数)．

11-2. $\gamma = R/m$ とおく．鉛直下向きを正として雨滴の速度は $v(t) = (g/\gamma)(1 - e^{-\gamma t})$，座標は $x(t) = (g/\gamma)\left[t - (1 - e^{-\gamma t})/\gamma\right]$（例題 6 参照)．時刻 T までに抵抗力 $-Rv = -m\gamma v$ がする仕事は

$$\begin{aligned} W &= \int_{x(0)}^{x(T)}(-Rv)dx = -m\gamma\int_0^T v(t)^2 dt \\ &= -\frac{mg^2}{\gamma}\int_0^T (1 - e^{-\gamma t})^2 dt \\ &= -\frac{mg^2}{\gamma}\left[T + \frac{2}{\gamma}(e^{-\gamma T} - 1) - \frac{1}{2\gamma}(e^{-2\gamma T} - 1)\right]. \end{aligned}$$

運動エネルギーの変化は

$$\Delta K = \frac{m}{2}v(T)^2 - \frac{m}{2}v(0)^2 = \frac{mg^2}{2\gamma^2}(1-e^{-\gamma T})^2.$$

重力のポテンシャルの変化は

$$\Delta U = -mg[x(T)-x(0)] = -\frac{mg^2}{\gamma}\left[T - \frac{1}{\gamma}(1-e^{-\gamma T})\right].$$

よって $W = \Delta K + \Delta U$ が成り立っている．

12-1. (1) 小球が受ける力は $F(x) = mg - kx$．ポテンシャルは

$$U(x) = -\int_0^x F(x')dx' = -mgx + \frac{1}{2}kx^2.$$

これはつりあいの位置 $x_0 = \frac{mg}{k}$ を用いて $U(x) = \frac{1}{2}k(x-x_0)^2 - \frac{1}{2}kx_0^2$ とも書ける．

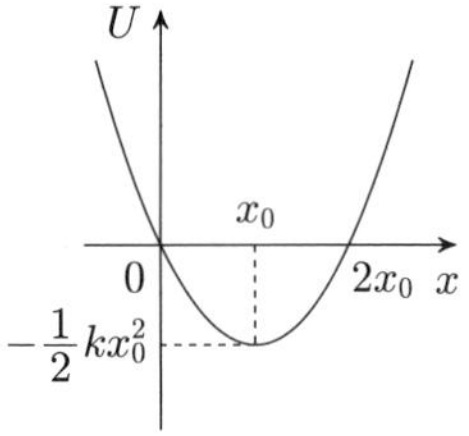

(2) 時刻 $t = 0$ における小球の運動エネルギーは $K_0 = \frac{1}{2}mv_0^2$，位置は $x_0 = \frac{mg}{k}$，ポテンシャルは $U_0 = U(x_0) = -\frac{1}{2}kx_0^2$．全エネルギーは $E_0 = K_0 + U_0 = \frac{1}{2}mv_0^2 - \frac{1}{2}kx_0^2$．エネルギー保存則より任意の時刻 t で $E = E_0$，すなわち

$$\frac{1}{2}m\dot{x}^2 + \frac{1}{2}k(x-x_0)^2 - \frac{1}{2}kx_0^2 = \frac{1}{2}mv_0^2 - \frac{1}{2}kx_0^2.$$

が成り立つ．$\dot{x} = v_0/2$ を代入して

$$x = x_0 + \sqrt{\frac{3m}{4k}}v_0 = \frac{mg}{k} + \sqrt{\frac{3m}{4k}}v_0.$$

12-2. (1) 運動方程式は $m\ddot{x} = -kx - R\dot{x} + F(t)$．力学的エネルギーは $E = K + U = \frac{1}{2}m\dot{x}^2 + \frac{1}{2}kx^2$ の時間変化率は

$$\dot{E} = m\dot{x}\ddot{x} + kx\dot{x} = (m\ddot{x} + kx)\dot{x}$$
$$= [-R\dot{x} + F(t)]\,\dot{x}.$$

したがって微小時間 dt における E の変化は

$$dE = \dot{E}dt = [-R\dot{x} + F(t)]\,dx$$

となり，抵抗力と外力がする仕事の和に等しい．
(2) 抵抗力 $-R\dot{x} = -RA\omega_0\cos(\omega_0 t - \delta)$ が 1 周期にする仕事は

$$W_R = \int_0^T (-R\dot{x}^2)dt = -\frac{R}{2}(A\omega_0)^2 T.$$

外力 $F(t) = F_0 \sin\omega_0 t$ が 1 周期にする仕事は

$$W_F = \int_0^T F_0 \sin\omega_0 t \cdot \dot{x}\,dt = \frac{1}{2}F_0 A\omega_0 \sin\delta \cdot T.$$

力学的エネルギーは 1 周期の間に変化しないので，これらの仕事の和は $W_R + W_F = 0$ となるはずである．このことは，運動方程式を解いて A, δ を求めることで確かめられる．発展問題 9-2 と同様に，$\omega = \sqrt{k/m}$, $\gamma = R/m$ を用いて運動方程式を

$$\ddot{x} + \gamma\dot{x} + \omega^2 x = \frac{F_0}{m}\sin\omega_0 t$$

と変形し，$x(t) = A\sin(\omega_0 t - \delta)$ を代入すると

$$A = \frac{F_0}{m}\cdot\frac{1}{\sqrt{(\omega^2 - \omega_0^2)^2 + (\gamma\omega_0)^2}},$$
$$\sin\delta = \frac{\gamma\omega_0}{\sqrt{(\omega^2 - \omega_0^2)^2 + (\gamma\omega_0)^2}} = \frac{AR\omega_0}{F_0}.$$

これを用いて

$$W_R + W_F = (-RA\omega_0 + F_0\sin\delta)\,\frac{A\omega_0 T}{2} = 0$$

が確かめられた．

6 章の発展問題

13–1. (1) xy 平面内にある長径 $2R$（x 軸方向），短径 R（y 軸方向）の楕円軌道．$\boldsymbol{v} = (-2R\omega\sin\omega t, R\omega\cos\omega t, 0)$ であるから，速さは $|\boldsymbol{v}| = R\omega\sqrt{1+3\sin^2\omega t}$．速度の向きは軌道の接線方向，$z$ 軸正方向から見たとき反時計回りである．$\boldsymbol{a} = (-2R\omega^2\cos\omega t, -R\omega^2\sin\omega t, 0) = -\omega^2\boldsymbol{r}$ は大きさ $|\boldsymbol{a}| = R\omega^2\sqrt{1+3\cos^2\omega t}$ で向きは粒子から原点に向かうベクトル．

(2) 粒子を z 軸正方向から見ると半径 R，角速度 ω の円運動をしている．z 軸方向には速度 v_0 で等速運動をし，円運動の周期 $T = 2\pi/\omega$ の間に $v_0T = 2\pi v_0/\omega$ だけ z 軸の向きに進む．したがって軌道は z 軸を中心とする半径 R，ピッチ $2\pi v_0/\omega$ のらせん軌道となる．$\boldsymbol{v} = (-R\omega\sin\omega t, R\omega\cos\omega t, v_0)$ より速さは $|\boldsymbol{v}| = \sqrt{(R\omega)^2+v_0^2}$，速度の向きは軌道の接線方向，$z$ 軸正方向から見ると反時計回り，また速度が xy 平面となす角度を δ として $\tan\delta = v_0/R\omega$．$\boldsymbol{a} = (-R\omega^2\cos\omega t, -R\omega^2\sin\omega t, 0)$ より加速度の大きさは $|\boldsymbol{a}| = R\omega^2$ で向きは質点から z 軸に下ろした垂線の向き．

14–1. 運動方程式は $m\ddot{x} = -k_x x$, $m\ddot{y} = -k_y y$．$\omega_x = \sqrt{k_x/m}$, $\omega_y = \sqrt{k_y/m}$ とおいて一般解は $x(t) = C_1\sin(\omega_x t + \phi_1)$，$y(t) = C_2\sin(\omega_y t + \phi_2)$（$C_1, C_2, \phi_1, \phi_2$ は定数）．以下では $\omega = \sqrt{k/m}$ とおく．

(1) $\boldsymbol{r}(t) = (A\cos\omega t, 2A\cos\omega t)$．軌跡は直線 $y = 2x$ の $-A \le x \le A$ の部分．（図は省略）

(2) $\boldsymbol{r}(t) = (A\cos\omega t, (v_0/\omega)\sin\omega t)$．軌跡は楕円 $x^2/A^2 + y^2/(v_0/\omega)^2 = 1$．（図は省略）

(3) $\boldsymbol{r}(t) = (A\cos 2\omega t, (v_0/\omega)\sin\omega t)$．軌跡は放物線 $x/A = 1-2y^2/(v_0/\omega)^2$ の $-A \le x \le A$ の部分．（図は省略）

15–1. 頂点 A を原点とし，辺に沿って x 軸，y 軸をとると他の頂点の座標は B: $(\ell, 0)$, C: (ℓ, ℓ), D: $(0, \ell)$ とできる．A にある粒子が位置 $\boldsymbol{r}$ に置かれた電荷 q をもつ粒子から受けるクーロン力は，$\boldsymbol{F} = -(q^2/4\pi\epsilon_0 r^2)\boldsymbol{e}_r = -(q^2/4\pi\epsilon_0 r^3)\boldsymbol{r}$．ただし $\boldsymbol{e}_r = \boldsymbol{r}/r$ は $\boldsymbol{r}$ に平行な単位ベクトルである．B, C, D に置かれた粒子について力を足し合わせると，

$$\boldsymbol{F} = -\frac{q^2}{4\pi\epsilon_0}\left[\frac{1}{\ell^3}(\ell,0) + \frac{1}{(\sqrt{2}\ell)^3}(\ell,\ell) + \frac{1}{\ell^3}(0,\ell)\right] = -\frac{(4+\sqrt{2})q^2}{16\pi\epsilon_0\ell^3}(1,1).$$

したがって力の大きさは $|\boldsymbol{F}| = (2\sqrt{2}+1)q^2/(8\pi\epsilon_0\ell^3)$，他の粒子についても力の大きさは同じであり，向きは正方形の中心から各粒子に向かう向きである．

15–2. 運動は鉛直な平面内で起きるので，水平方向に x 軸，鉛直上向きに y 軸をとり，初速度が $\boldsymbol{v}_0 = (v_0\cos\theta, v_0\sin\theta)$ と書けるとする．運動方程式は $m\dot{v}_x = -Rv_x$, $m\dot{v}_y = -Rv_y - mg$，それらの解は例題 6 と同様にして

$$v_x(t) = v_0\cos\theta\cdot e^{-Rt/m},$$
$$v_y(t) = \left(v_0\sin\theta + \frac{mg}{R}\right)e^{-Rt/m} - \frac{mg}{R}$$

となる．$t=0$ における位置を原点として，ボールの座標は

$$x(t) = \frac{mv_0\cos\theta}{R}\left(1-e^{-Rt/m}\right), \tag{A-5}$$
$$y(t) = \left(\frac{mv_0\sin\theta}{R} + \frac{m^2g}{R^2}\right)\left(1-e^{-Rt/m}\right) - \frac{mg}{R}t. \tag{A-6}$$

7 章の発展問題

16–1. 粒子の位置ベクトルを $\boldsymbol{r} = (x,y)$ としてクーロン力は $\boldsymbol{F} = (Qq/4\pi\epsilon_0)\cdot\boldsymbol{r}/r^3$．以下では $C = Qq/4\pi\epsilon_0$ とおく．

(1) 経路は $\boldsymbol{r} = (s,0)$ $(A \le s \le 2A)$ と表せ，$d\boldsymbol{r} = (ds,0)$ なので仕事は

$$W = \int\boldsymbol{F}\cdot d\boldsymbol{r} = C\int_A^{2A}\frac{ds}{s^2} = \frac{C}{2A}.$$

(2) 経路は $\boldsymbol{r} = (A,s)$ $(-A \le s \le A)$ と表せ，$d\boldsymbol{r} = (0,ds)$ なので仕事は

$$W = \int\boldsymbol{F}\cdot d\boldsymbol{r} = C\int_{-A}^{A}\frac{s\,ds}{(A^2+s^2)^{3/2}} = 0.$$

ここで被積分関数は s の奇関数であるため，原点を挟んで対称な区間 $-A \le s \le A$ での積分は 0 になることを使った．

(3) 経路は $\boldsymbol{r} = (\sqrt{2}A\cos\phi, \sqrt{2}A\sin\phi)$ $(-\pi/4 \le \phi \le \pi/4)$ と表せ，$d\boldsymbol{r} = (-\sqrt{2}A\sin\phi\,d\phi, \sqrt{2}A\cos\phi\,d\phi)$ なので仕事は

$$W = \int \boldsymbol{F}\cdot d\boldsymbol{r} = 0.$$

ここで力は経路に直交している（$\boldsymbol{r}\cdot d\boldsymbol{r} = 0$ である）ことを使った．

16–2. (1) 位置ベクトルの微小変化は $d\boldsymbol{r} = \boldsymbol{v}dt$ と書けるから $\boldsymbol{F}\cdot d\boldsymbol{r} = -R\boldsymbol{v}\cdot\boldsymbol{v}dt = -Rv^2dt$. 求める仕事はこれを $t=0$ から $t=T$ まで積分したものである．

(2) $\boldsymbol{v} = \dot{\boldsymbol{r}} = (v_0, 0, -gt)$ より $v^2 = v_0^2 + g^2t^2$.

$$W = -R\int_0^T (v_0^2 + g^2t^2)dt = -R\left(v_0^2T + \frac{1}{3}g^2T^3\right).$$

17–1. (1) $(\pm d, 0)$ につながれたバネの長さは $L_\pm = \sqrt{(d\mp x)^2 + y^2}$ なので

$$\begin{aligned} U(x,y) &= \frac{k}{2}(L_+ - \ell)^2 + \frac{k}{2}(L_- - \ell)^2 \\ &= \frac{k}{2}\left\{\left[\sqrt{(d-x)^2+y^2} - \ell\right]^2 + \left[\sqrt{(d+x)^2+y^2} - \ell\right]^2\right\}. \end{aligned}$$

(2) 左右のバネの力がつりあうためには両者の長さが等しい，すなわち $x=0$ が必要．$\ell < d$ より，$x=0$ のときバネはつねに自然長より長く，最短となるのは $y=0$ のとき．よって $(x_0, y_0) = (0,0)$.

(3) $L_\pm \simeq d\left[1 \mp x/d - (x/d)^2/2 + (x^2+y^2)/2d^2\right] = d \mp x + y^2/2d$ を(1) の結果に代入して

$$\begin{aligned} U(x,y) &\simeq \frac{k}{2}\left[\left(d-\ell-x+\frac{y^2}{2d}\right)^2 + \left(d-\ell+x+\frac{y^2}{2d}\right)^2\right] \\ &\simeq k\left[(d-\ell)^2 + x^2 + \frac{(d-\ell)y^2}{d}\right]. \end{aligned}$$

(4) 両方のバネが自然長にあるときポテンシャルは最小となる．よって平衡点は $(0, \pm\sqrt{\ell^2 - d^2})$.

(5) 平衡点は y 軸上にあり，初速度も y 方向である．また y 軸上で質点に働く力は y 方向なので，y 軸上の 1 次元運動を考えればよい．ポテンシャル $U(0,y)$ は平衡点で最小値 0，$y=0$ で最大値 $U_0 = k(\ell - d)^2$ をと

るから，質点がポテンシャル障壁を越えてもう1つの平衡点に到達するための条件は $mv_0^2/2 > U_0$，すなわち $v_0 > \sqrt{2k/m}(\ell - d)$.

17–2. (1) 各恒星による万有引力のポテンシャルを重ね合わせて

$$U(\boldsymbol{r}) = -\frac{GMm}{|\boldsymbol{r}-\boldsymbol{R}|} - \frac{GMm}{|\boldsymbol{r}+\boldsymbol{R}|}.$$

x, y で表すと

$$U(x,y) = -GMm\left[\frac{1}{\sqrt{(x-R)^2+y^2}} + \frac{1}{\sqrt{(x+R)^2+y^2}}\right].$$

等高線は下図のとおり．

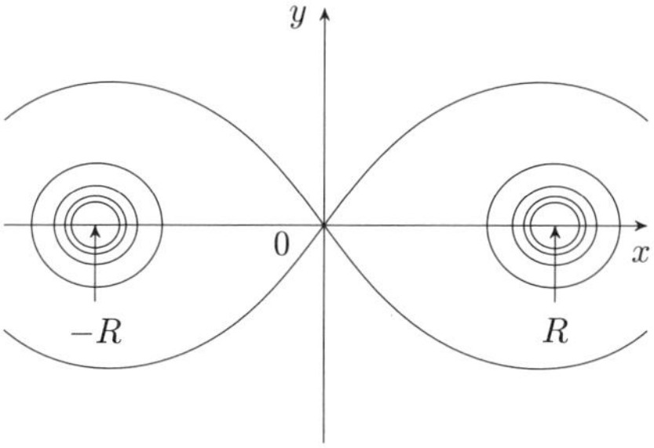

(2) ポテンシャルの対称性より粒子は x 軸上を運動する．$U(-R/2,0) = -8GMm/3R$，x 軸上でのポテンシャルの極大値は $U(0,0) = -2GMm/R$. エネルギー保存則より，$mv_0^2/2 + U(-R/2,0) > U(0,0)$ ならば粒子はポテンシャル障壁を越えて $(R,0)$ に到達するので，求める条件は $v_0 > \sqrt{4GM/3R}$.

8 章の発展問題

18–1. (1) 垂直抗力は重力（鉛直下向きに mg），糸の張力の鉛直成分（上向きに $T\sin\alpha$）とつりあうので，$F_\perp = mg - T\sin\alpha$. すべり出すためには張力の水平成分 $T\cos\alpha$ が最大静止摩擦力 $\mu F_\perp$ を上回ることが必要なので，$T > \mu mg/(\cos\alpha + \mu\sin\alpha)$ が条件となる．

(2) 物体の動く向きにかかる力は $T\cos\alpha - \mu' F_\perp$. 加速度はこれを質量で割って $(T/m)(\cos\alpha - \mu'\sin\alpha) - \mu' g$（一定）となる．

18–2. (1) 動き出す条件は $kx_0 > \mu mg$ すなわち $x_0 > x_m = \mu mg/k$.

(2) 箱が x 軸の負の向きに動き出し，摩擦力は x 軸の正の向きに働くので，箱の運動方程式は $m\ddot{x} = -kx + \mu' mg = -k(x - x_c)$. ただし $x_c = \mu' mg/k$ とおいた．これは $x = x_c$ を中心とする角振動数 $\omega = \sqrt{k/m}$ の単振動を表し，初期条件から $x(t) = x_c + (x_0 - x_c)\cos\omega t$. 半周期後の $t = \pi/\omega$ に箱は $x = 2x_c - x_0$ でいったん静止する．$2x_c - x_0 > -x_m$ であれば箱はそのまま静止し続けるが，$2x_c - x_0 < -x_m$ ならば x 軸の正の向きに動き出す．後者の場合，箱は運動方程式 $m\ddot{x} = -kx - \mu' mg = -k(x + x_c)$ に従い，$x(t) = -x_c + (x_0 - 3x_c)\cos\omega t$ となる．$t = 2\pi/\omega$ に箱は $x = x_0 - 4x_c$ で再び静止し，$x_0 - 4x_c < x_m$ であればそのまま静止，$x_0 - 4x_c > x_m$ ならば再び x 軸の負の方向に動き出す．以後は同様に，$x = \pm x_c$ を中心とする半周期ずつの単振動を繰り返し，最終的に $|x| < x_m$ を満たして静止する．

19–1. 斜面に沿って下向きに x 軸をとると，上向きに運動するときの加速度は $\ddot{x} = a_1 = g(\sin\alpha + \mu' \cos\alpha)$，下向きに運動するときの加速度は $\ddot{x} = a_2 = g(\sin\alpha - \mu' \cos\alpha)$. 物体が上昇から下降に転じるまでの時間は $t_1 = v_0/a_1$，その間の移動距離は $x_1 = a_1 t_1^2/2 = v_0^2/(2a_1)$. その後出発点に戻ってくるまでの時間を t_2 とすると，その間の移動距離は $x_2 = a_2 t_2^2/2$. $x_1 = x_2$ だから $t_2 = \sqrt{a_1/a_2}\, t_1$. 打ち出してから戻ってくるまでの時間は $t_1 + t_2 = (1 + \sqrt{a_1/a_2})\, v_0/a_1$.

19–2. 運動方程式は $m\ddot{x} = mg\sin\alpha$, $m\ddot{y} = 0$. 解は，打ち出した時刻を $t = 0$ として $x = (g\sin\alpha)t^2/2$, $y = v_0 t$ となる．軌跡は放物線となり，高さ h から 0 まで落下するまでの時間は $\sqrt{2h/g}/\sin\alpha$.

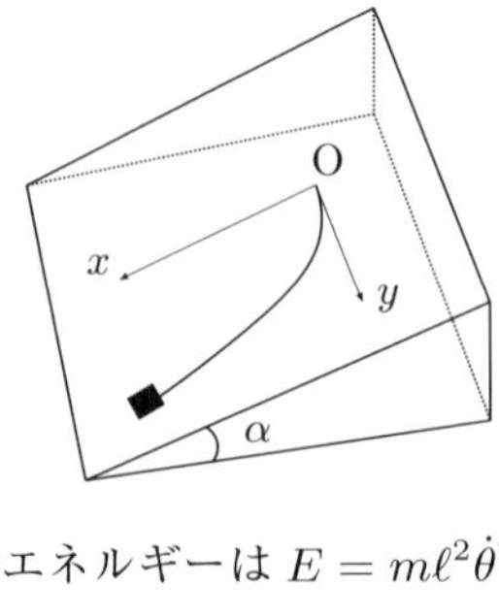

20–1. (1) おもりの力学的エネルギーは $E = m\ell^2\dot{\theta}^2/2 - mg\ell\cos\theta = mv_0^2/2 -$

$mg\ell$. これより $\theta=\pi/2$ のとき $m\ell^2\dot{\theta}^2/2=mv_0^2/2-mg\ell$. 左辺は正または 0 であるから $v_0\geq\sqrt{2g\ell}$ が必要である.

(2) 糸がたるまないためには $T\geq 0$ すなわち式 (8.5) より $m\ell\dot{\theta}^2\geq -mg\cos\theta$ が必要である. $\theta=\pi$ の場合この式は $\dot{\theta}^2\geq g/\ell$ となる. 一方エネルギー保存則より, 糸がたるまず $\theta=\pi$ に達したとき, (1) と同様にして $m\ell^2\dot{\theta}^2/2=mv_0^2/2-2mg\ell$. これらより $v_0\geq\sqrt{5g\ell}$.

20–2. (1) 物体に働く力の x 成分は $N\sin\theta$, z 成分は $N\cos\theta-mg$. 運動方程式の x,z 成分は

$$mR(\ddot{\theta}\cos\theta-\dot{\theta}^2\sin\theta)=N\sin\theta, \tag{A-7}$$

$$mR(-\ddot{\theta}\sin\theta-\dot{\theta}^2\cos\theta)=N\cos\theta-mg. \tag{A-8}$$

(2) 式 (A-7) $\times\sin\theta+$ (A-8) $\times\cos\theta$ から $-mR\dot{\theta}^2=N-mg\cos\theta$. よって

$$N=mg\cos\theta-mR\dot{\theta}^2. \tag{A-9}$$

物体の速さは $R\dot{\theta}$ なので力学的エネルギーは $E=\frac{1}{2}m(R\dot{\theta})^2+mgR\cos\theta$. 初期条件 $\theta=0$, $\dot{\theta}=0$ を代入すると $E=mgR$. よって $mR\dot{\theta}^2=2mg(1-\cos\theta)$. これを式 (A-9) に代入すると

$$N=mg(3\cos\theta-2). \tag{A-10}$$

(3) 物体が斜面から離れる瞬間 $N=0$ となるから, そのときの角度は

$$\theta_0=\cos^{-1}\left(\frac{2}{3}\right),$$

速さは $v_0=R\dot{\theta}\big|_{\theta=\theta_0}=\sqrt{2gR(1-\cos\theta_0)}=\sqrt{2gR/3}$.

9 章の発展問題

21–1. (1) 力は $\boldsymbol{F}=-\nabla U(r)=-U'(r)\nabla r=-U'(r)\boldsymbol{e}_r$ なので $F=-U'(r)$. 運動方程式の r 成分は $m(\ddot{r}-r\dot{\theta}^2)=-U'(r)$ となり, $\dot{\theta}=h/r^2$ を代入して整理すると

$$m\ddot{r}=-U'(r)+\frac{mh^2}{r^3}=-U'_{\rm eff}(r).$$

(2) $U(r)$ の式を代入して

$$U_{\rm eff}(r) = -\frac{A}{r^n} + \frac{mh^2}{2r^2},$$
$$U'_{\rm eff}(r) = \frac{nA}{r^{n+1}} - \frac{mh^2}{r^3},$$
$$U''_{\rm eff}(r) = -\frac{n(n+1)A}{r^{n+2}} + \frac{3mh^2}{r^4}.$$

$U'_{\rm eff}(r)$ は $n \neq 2$ のとき停留点 $r_0 = (nA/mh^2)^{1/(n-2)}$ をもち，これが極小点となるのは $U''_{\rm eff}(r_0) = (2-n)mh^2/r_0^4 > 0$ すなわち $n < 2$ のとき．万有引力の場合はこの条件にあてはまる．

(3) $U_{\rm eff}(r) \simeq U_{\rm eff}(r_0) + \frac{1}{2}U''_{\rm eff}(r_0)(r-r_0)^2$ と展開できるので運動方程式は

$$m\ddot{r} = -U''_{\rm eff}(r_0)(r-r_0)^2.$$

これは $r = r_0$ を中心とする角振動数 $\omega = \sqrt{U''_{\rm eff}(r_0)/m} = \sqrt{2-n}\,h/r_0^2$ の単振動を表す．周期は

$$T = \frac{2\pi}{\omega} = 2\pi\sqrt{\frac{mr_0^{n+2}}{n(2-n)A}}.$$

なお万有引力の場合は $A = GMm$, $n = 1$ より $T = 2\pi\sqrt{r_0^3/GM}$ となる（例題 22 参照）．

22–1. (1) 運動方程式の動径成分は $\ddot{r} - h^2/r^3 = -GM/r^2$ と変形できる．$u = 1/r$ に変数変換すると $\dot{r} = (dr/du)\dot{u} = -r^2\dot{u} = -r^2\dot{\theta}(du/d\theta) = -h du/d\theta$. 同様にして $\ddot{r} = -h\dot{\theta}(d^2u/d\theta^2) = -h^2u^2(d^2u/d\theta^2)$. これを上の微分方程式に代入して与式を得る．また $w = u - GM/h^2$ とおくと与式は $d^2w/d\theta^2 + w = 0$ となる．これは θ を変数とする単振動の方程式だから，一般解は

$$u = \frac{GM}{h^2} + A\cos(\theta - \theta_0) \quad (A, \theta_0 \text{ は定数}).$$

(2) (1) の一般解に $u = 1/r$ を代入すると

$$r = \frac{h^2/(GM)}{1 + \epsilon\cos(\theta - \theta_0)}$$

の形になるので $\ell = h^2/(GM)$．$\theta = \theta_0$ のとき r が最小になるので $\theta_0 = 0$．そのとき $r = r_0 = \ell/(1+\epsilon)$ なので $\epsilon = \ell/r_0 - 1 = h^2/(GMr_0) - 1$.

(3) $r\cos\theta = x$ より (2) の軌道の式は $r + \epsilon x = \ell$，さらに $r^2 = (\ell - \epsilon x)^2$ と変形できる．$r = \sqrt{x^2+y^2}$ を代入して整理すると

$$(1-\epsilon^2)x^2 + 2\epsilon\ell x + y^2 = \ell^2.$$

これは x, y についての 2 次方程式であるから 2 次曲線を表し，$\epsilon = 0$ のとき円 $x^2 + y^2 = \ell^2$，$\epsilon = 1$ のとき放物線 $x = \ell/2 - y^2/2\ell$ となる．また $\epsilon \neq 1$ のとき $x_0 = -\epsilon\ell/(1-\epsilon^2)$, $a = \ell/|1-\epsilon^2|$, $b = (1-\epsilon^2)^{1/2}a$ として上式は $(x-x_0)^2/a^2 + y^2/b^2 = 1$ となり，$0 < \epsilon < 1$ なら長径 a，短径 b の楕円，$\epsilon > 1$ なら双曲線 $(x-x_0)^2/a^2 - y^2/|b|^2 = 1$ となる．例として $\epsilon = \frac{1}{2}, 1, 2$ のそれぞれの場合の軌道を下図に示す.

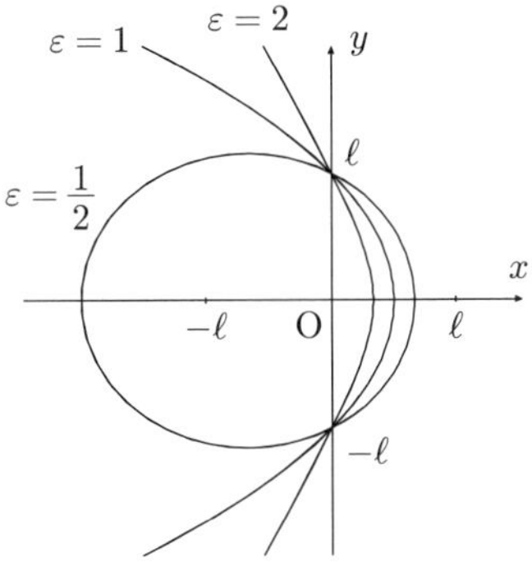

22–2. (1) 面積速度と公転周期の積は楕円軌道の面積 πab に等しいから，$T = \pi ab/(h/2) = 2\pi ab/h$.

(2) (1) および発展問題 22–1 の結果を用いて $a^3/T^2 = ah^2/(4\pi^2 b^2) = h^2/(4\pi^2\ell) = GM/4\pi^2$.

10 章の発展問題

23–1. (1) 水平方向に x 軸，鉛直上向きに y 軸をとりボールは xy 平面上で運動するとする．衝突直前の速度は $\boldsymbol{v} = (v_0\cos\theta, -v_0\sin\theta)$ と表せる．水平方向の力は無視できるので速度の x 成分は衝突によって変わらず，y 成分は $-e$ 倍となる．よって衝突直後の速度は $\boldsymbol{v}' = (v_0\cos\theta, ev_0\sin\theta)$,

速さは $v' = |\boldsymbol{v}'| = v_0\sqrt{\cos^2\theta + e^2\sin^2\theta}$. 床となす角度を θ' として $\tan\theta' = v'_y/v'_x = e\tan\theta$ なので $\theta' = \tan^{-1}(e\tan\theta)$.

(2) n 回目に衝突した直後の速度の y 成分は $v_y^{(n)} = e^n v_0 \sin\theta$. その後, 時間 $\tau_n = v_y^{(n)}/g$ の後に高さが極大となり, 時間 $2\tau_n$ の後に高さが 0 となる（$n+1$ 回目に床と衝突する）. よって

$$t_n = 2\tau_1 + 2\tau_2 + \cdots + 2\tau_{n-1} = \frac{e(1-e^n)}{1-e}\cdot\frac{2v_0\sin\theta}{g}.$$

24-1. (1) 衝突によって粒子 1 の速度ベクトルは $(v_0, 0)$ から $(v\cos\phi, v\sin\phi)$ に, 粒子 2 の速度ベクトルは $(0,0)$ から $(V\cos\theta, -V\sin\theta)$ に変化する. 運動量保存の式の x, y 成分はそれぞれ

$$mv_0 = mv\cos\phi + MV\cos\theta,$$

$$0 = mv\sin\phi - MV\sin\theta.$$

(2) $\frac{1}{2}mv_0^2 = \frac{1}{2}mv^2 + \frac{1}{2}MV^2$.

(3) (1) の結果から θ を消去して $M^2V^2 = [m(v_0 - v\cos\phi)]^2 + (mv\sin\phi)^2 = m^2(v_0^2 - 2vv_0\cos\phi + v^2)$. (2) の結果から $M^2V^2 = Mm(v_0^2 - v^2)$. これらの式から V を消去して辺々を Mmv_0^2 で割ると $\hat{m}(1 - 2\hat{v}\cos\phi + \hat{v}^2) = 1 - \hat{v}^2$ となる. よって $\hat{m} = (1-\hat{v}^2)/(1 - 2\hat{v}\cos\phi + \hat{v}^2)$.

(4) (3) の結果を $\hat{v}$ について解くと

$$\hat{v} = \frac{\hat{m}\cos\phi \pm \sqrt{1 - \hat{m}^2\sin^2\phi}}{\hat{m}+1}.$$

これが実数となるのは $\sin\phi < 1/\hat{m}$ のときであるから $\phi_c = \sin^{-1}(M/m)$.

25-1. (1) 衝突の間のバネの長さの変化やバネの力による力積は無視できるため, 球 2 の速度は弾性衝突によって $-v_0$ に変化し, 球 1 の速度は v_0 で変化しない.

(2) 衝突前後の系の運動量はそれぞれ $P_0 = (m_1 + m_2)v_0$ および $P = (m_1 - m_2)v_0 < 0$, 重心速度はそれぞれ $V_0 = P_0/M$, $V = P/M$ だから, $e = -V/V_0 = (m_2 - m_1)/(m_1 + m_2)$.

(3) K_{G} の変化は $\Delta K_{\mathrm{G}} = MV^2/2 - MV_0^2/2 = -2m_1m_2v_0^2/(m_1+m_2)$,

同様に $\Delta K_{\mathrm{rel}} = [m_1 m_2/(m_1+m_2)](2v_0)^2/2-0 = 2m_1 m_2 v_0^2/(m_1+m_2)$, またポテンシャルエネルギー U は衝突の直前と直後では変化しないから $\Delta U = 0$. したがって $\Delta E = \Delta K_{\mathrm{G}} + \Delta K_{\mathrm{rel}} + \Delta U = 0$.

11 章の発展問題

26–1. (1) $L_1 = m_1 \ell^2 \dot{\theta}$, $L_2 = m_2 \ell^2 \dot{\theta}$ より $L = (m_1 + m_2)\ell^2 \dot{\theta}$.

(2) $N_1 = -m_1 g\ell \sin\theta$, $N_2 = m_2 g\ell \sin\theta$ より $N = -(m_1 - m_2) g\ell \sin\theta$.

(3) 運動方程式は $\dot{L} = N$ すなわち $\ddot{\theta} = -[(m_1 - m_2)g/(m_1 + m_2)\ell] \sin\theta$. $|\theta| \ll 1$ のとき $\sin\theta \approx \theta$ よりこれは単振動の方程式となり，周期は $2\pi\sqrt{(m_1 + m_2)\ell/(m_1 - m_2)g}$.

27–1. (1) 作用・反作用の法則より，粒子 2 が 1 から受ける力は $-\boldsymbol{F}$ である．各粒子の動径方向 (r 方向) の単位ベクトルを $\boldsymbol{e}_{r,i} = (\cos\theta_i, \sin\theta_i, 0)$, 回転方向（$\theta$ 方向）の単位ベクトルを $\boldsymbol{e}_{\theta,i} = (-\sin\theta_i, \cos\theta_i, 0)$ とする ($i = 1, 2$). θ 方向の運動方程式は

$$m_1 \left(2\dot{r}_1 \dot{\theta}_1 + r_1 \ddot{\theta}_1 \right) = \boldsymbol{F} \cdot \boldsymbol{e}_{\theta,1}, \tag{A-11}$$

$$m_2 \left(2\dot{r}_2 \dot{\theta}_2 + r_2 \ddot{\theta}_2 \right) = -\boldsymbol{F} \cdot \boldsymbol{e}_{\theta,2} \tag{A-12}$$

となる．

(2) 各粒子の角運動量は $L_i = m_i r_i^2 \dot{\theta}_i$ となり，その時間変化率は $\dot{L}_i = m_i r_i \left(2\dot{r}_i \dot{\theta}_i + r_i \ddot{\theta}_i \right)$ である．これと (1) の運動方程式より

$$\dot{L} = \dot{L}_1 + \dot{L}_2 = r_1 \boldsymbol{F} \cdot \boldsymbol{e}_{\theta,1} - r_2 \boldsymbol{F} \cdot \boldsymbol{e}_{\theta,2} \tag{A-13}$$

となる．力 $\boldsymbol{F}$ は粒子を結ぶベクトル $\boldsymbol{r}_1 - \boldsymbol{r}_2$ に平行なので，質点間の距離 r_{12} の関数 $f_{12} = f(r_{12})$ を用いて $\boldsymbol{F} = f(r_{12})(\boldsymbol{r}_1 - \boldsymbol{r}_2) = f_{12}(r_1 \boldsymbol{e}_{r,1} - r_2 \boldsymbol{e}_{r,2})$ と表せる．これを式 (A-13) に代入して

$$\begin{aligned}\dot{L} &= f_{12}(r_1 \boldsymbol{e}_{r,1} - r_2 \boldsymbol{e}_{r,2}) \cdot (r_1 \boldsymbol{e}_{\theta,1} - r_2 \boldsymbol{e}_{\theta,2}) \\ &= -f_{12} r_1 r_2 (\boldsymbol{e}_{r,1} \cdot \boldsymbol{e}_{\theta,2} + \boldsymbol{e}_{r,2} \cdot \boldsymbol{e}_{\theta,1}) \\ &= 0\end{aligned}$$

ここで $\boldsymbol{e}_{r,i} \cdot \boldsymbol{e}_{\theta,j} = \sin(\theta_i - \theta_j)$ となることを用いた．したがって L は時間によらず一定となる．

28-1. (1) A, B, C の位置ベクトルは $\boldsymbol{r}_A = (a,0,0)$, $\boldsymbol{r}_B = (0,b,0)$, $\boldsymbol{r}_C = (0,0,c)$. 重心の位置ベクトルは $\boldsymbol{r}_G = (m\boldsymbol{r}_A + m\boldsymbol{r}_B + m\boldsymbol{r}_C)/(3m) = (a/3, b/3, c/3)$

(2) 重力によるトルクは重心 G に系の全質量 $3m$ が集中していると仮定して求められ，$N = 3mgd$.

(3) つりあいの状態ではトルクが 0 となるので，G は O を通る鉛直線上にある．よって $\boldsymbol{r}_A$ と $\boldsymbol{r}_G$ のなす角度を求めればよい．これらのベクトルに平行な単位ベクトルは，$\boldsymbol{e}_A = (1,0,0)$ および $\boldsymbol{e}_G = \boldsymbol{r}_G/|\boldsymbol{r}_G| = (a,b,c)/\sqrt{a^2+b^2+c^2}$. $\cos\theta = \boldsymbol{e}_A \cdot \boldsymbol{e}_G = a/\sqrt{a^2+b^2+c^2}$. よって $\theta = \cos^{-1}\left(a/\sqrt{a^2+b^2+c^2}\right)$.

12 章の発展問題

29-1. 直方体の占める領域が $0 \le x \le a$, $0 \le y \le b$, $0 \le z \le h$ となるように直交座標系をとり，回転軸を z 軸とする．点 (x,y,z) にある微小体積要素 $dV = dxdydz$ の質量は $(M/abh)dV$，z 軸からの距離は $\sqrt{x^2+y^2}$ だから

$$I = (M/abh)\int_0^a dx \int_0^b dy \int_0^h dz(x^2+y^2) = M(a^2+b^2)/3.$$

29-2. (1) 力のつりあいの式は，鉛直成分が $N_1 = Mg$，水平成分が $N_2 = F$ と書ける．またトルクのつりあいの式は，棒と床との接点をトルクの基準点として $L\cos\theta \cdot N_2 = \frac{L}{2}\sin\theta \cdot Mg$ と書ける．これらより $N_1 = Mg$, $N_2 = F = (Mg/2)\tan\theta$.

(2) すべらない条件は $F < \mu N_1$ であるから (1) の結果より $\frac{1}{2}\tan\theta < \mu$ すなわち $\theta < \tan^{-1}(2\mu)$.

29-3. 剛体を構成する i 番目の微小要素 $(i = 1, 2, \ldots, N)$ の質量を m_i，位置ベクトルを $\boldsymbol{R}_i$，$\boldsymbol{R}_i$ の A に垂直な成分を $\boldsymbol{r}_i$，A$'$ に垂直な成分を $\boldsymbol{r}'_i$ とすると，$I = \sum_{i=1}^N m_i r_i^2$，$I' = \sum_{i=1}^N m_i r_i'^2$. また重心の定義より $\sum_{i=1}^N m_i \boldsymbol{r}'_i = \boldsymbol{0}$. 軸 A$'$ から A に下ろした垂線のベクトルを $\boldsymbol{h}$ とすると $\boldsymbol{r}_i = \boldsymbol{r}'_i + \boldsymbol{h}$ より，

$$I = \sum_{i=1}^{N} m_i \left(\boldsymbol{r}_i' + \boldsymbol{h}\right)^2 = I' + 2\sum_{i=1}^{N} m_i \boldsymbol{r}_i' \cdot \boldsymbol{h} + Mh^2 = I' + Mh^2.$$

30–1. (1) 球の中心まわりの慣性モーメントを I_0 とすると例題 29 (6) より $I_0 = \frac{2}{5}Ma^2$. 支点まわりの慣性モーメントは平行軸の定理（発展問題 29-3.）により $I = I_0 + M\ell^2 = M\left(\ell^2 + \frac{2}{5}a^2\right)$.

(2) 重力によるトルクは重心に質量が集中しているとして計算してよく，θ が増える向きを正として $N = -Mg\ell\sin\theta$.

(3) $\sin\theta \simeq \theta$ より運動方程式は $I\ddot{\theta} = N \simeq -Mg\ell\theta$. これは角振動数 $\omega = \sqrt{Mg\ell/I} = \sqrt{g\ell/\left(\ell^2 + \frac{2}{5}a^2\right)}$ の単振動を表し，周期は

$$T = \frac{2\pi}{\omega} = 2\pi\sqrt{\frac{\ell^2 + \frac{2}{5}a^2}{g\ell}}.$$

これは単振り子の周期 $2\pi\sqrt{\ell/g}$ に比べて短い.

30–2. (1) 撃力を $F = F(t)$, 棒が球に接している（短い）時間を Δt として $J = \int_0^{\Delta t} F(t)\,dt$. 球の運動量を P とすると $\dot{P} = F$ であるから，運動量の変化は $\Delta P = \int_0^{\Delta t} Fdt = J$. 一方 $\Delta P = Mv_0$ であるから $v_0 = J/M$. 棒が球に与えるトルクは $N = hF$, 球の角運動量を L とすると $\dot{L} = N$ であるから，角運動量の変化は $\Delta L = \int_0^{\Delta t} Ndt = h\int_0^{\Delta t} Fdt = hJ$. 一方 $\Delta L = I\omega_0 = \frac{2}{5}Ma^2\omega_0$ であるから $\omega_0 = hJ/I = 5hJ/(2Ma^2)$.

(2) 球の回転した角度を $\theta(t)$ とすると角速度は $\omega = \dot{\theta}$. 球がすべらずに運動するとき水平方向に移動した距離は $a\theta$ に等しいから，水平方向の速度は $v = a\dot{\theta} = a\omega$. $h = h_0$ のとき，この式がはじめから成り立っているので $v_0 = a\omega_0$. (1) の結果を代入して整理すると $h_0 = \frac{2}{5}a$.

(3) 球の表面上の 1 点が床に接しているとき，その床に対する相対速度は $-a\omega$, 床の上に静止した観測者から見た速度は $v - a\omega$ である（重心の運動の向きを正とする）. $h > h_0$ のとき $v_0 - a\omega_0 < 0$ だから，床と接している点ははじめ重心速度と逆向きに移動し，動摩擦力 $\mu' Mg$ が重心速度と同じ向きに働く. したがって並進の運動方程式は $M\dot{v} = \mu' Mg$. また動摩擦力によるトルクは $-a\mu' Mg$（回転角 θ が増える向きを正とする）であるから，回転の運動方程式は $I\dot{\omega} = -a\mu' Mg$.

(4) (3) の結果より重心の加速度は $\dot{v} = \mu' g$ で一定だから，重心の運動は等加速度運動であり $v = v_0 + \mu' g t$. 同様に角加速度は $\dot{\omega} = -a\mu' g/I = -5\mu' g/2a$ で一定だから，$\omega = \omega_0 - (5\mu' g/2a)t$. すべりがなくなって $v - a\omega = 0$ となる時刻は

$$t_1 = \frac{2(a\omega_0 - v_0)}{7\mu' g} = \frac{J(5h - 2a)}{7\mu' M g a}$$

である. $t > t_1$ では動摩擦力は働かず，球は一定の重心速度 $v_1 = v_0 + \mu' g t_1 = 5J(a + h)/7Ma$ および角速度 $\omega_1 = v_1/a$ で運動し続ける.

索 引

【英数字】

【あ】

【か】

【さ】

【た】

【な】

【は】

【ま】

【ら】

【わ】

著者紹介

内田就也（うちだ なりや）

2000年　京都大学大学院理学研究科 物理学・宇宙物理学専攻 博士後期課程修了　博士（理学）
現　在　東北大学大学院理学研究科 物理学専攻 准教授
専　門　統計物理学

フロー式 物理演習シリーズ 4
高校で物理を履修しなかった人のための力学
Mechanics Starting from High School Physics

2021年1月25日　初版1刷発行

著　者　内田就也

監　修　須藤彰三
　　　　岡　真

発行者　南條光章

発行所　**共立出版株式会社**
東京都文京区小日向 4-6-19
電話　03-3947-2511（代表）
郵便番号　112-0006
振替口座　00110-2-57035
URL www.kyoritsu-pub.co.jp

印　刷　大日本法令印刷
製　本　協栄製本

一般社団法人
自然科学書協会
会員

検印廃止
NDC 423

ISBN 978-4-320-03503-4

Printed in Japan

《公式集》

【速度，加速度（1 次元の場合）】

- $v = \dot{x} = \dfrac{dx}{dt}$
- $a = \dot{v} = \dfrac{dv}{dt} = \ddot{x} = \dfrac{d^2x}{dt^2}$

【運動方程式（1 次元の場合）】

- $ma = F$

【ポテンシャルによる力（1 次元の場合）】

- $F = -\dfrac{dU}{dx}$

【さまざまな力とポテンシャル】

- 重力　$F = mg, \quad U = -mgx$
- バネの復元力　$F = -kx, \quad U = \dfrac{1}{2}kx^2$
- 万有引力　$F = -\dfrac{GMm}{r^2}, \quad U = -\dfrac{GMm}{r}$
- クーロン力　$F = \dfrac{qQ}{4\pi\epsilon_0 r^2}, \quad U = \dfrac{qQ}{4\pi\epsilon_0 r}$
- 動摩擦力　$F = \mu' N$，静止摩擦力 $F \leq \mu N$（N は垂直抗力）

【速度，加速度（3 次元の場合）】

- $\boldsymbol{v} = \dot{\boldsymbol{r}} = \dfrac{d\boldsymbol{r}}{dt}$
- $\boldsymbol{a} = \dot{\boldsymbol{v}} = \dfrac{d\boldsymbol{v}}{dt} = \ddot{\boldsymbol{r}} = \dfrac{d^2\boldsymbol{r}}{dt^2}$

【運動方程式（3 次元の場合）】

- $m\boldsymbol{a} = \boldsymbol{F}$

【ポテンシャルによる力（3 次元の場合）】

- $\boldsymbol{F} = \left(-\dfrac{\partial U}{\partial x}, -\dfrac{\partial U}{\partial y}, -\dfrac{\partial U}{\partial z}\right)$